MEIO AMBIENTE & EVOLUÇÃO HUMANA

Dados Internacionais de Catalogação na Publicação (CIP)
(Jeane Passos Santana – CRB 8ª/6189)

Ribeiro, Maurício Andrés
  Meio ambiente & evolução humana / Maurício Andrés Ribeiro. – São Paulo : Editora Senac São Paulo, 2013. – (Série Meio Ambiente, 19 / Coordenação José de Ávila Aguiar Coimbra).

  Bibliografia.
  ISBN 978-85-396-0351-0

  1. Degradação ambiental 2. Influência do homem : Meio Ambiente 3. Evolução humana 4. Ecologia cultural 5. Consciência ecológica 6. Homem – Influência na natureza 7. Inovações tecnológicas – Aspectos ambientais 8. Mudanças ambientais globais I. Coimbra, José de Ávila Aguiar. II. Título. III. Série.

13-092s
  CDD-363.7
  599.938

Índices para catálogo sistemático:
1. Meio ambiente – Evolução humana   363.7
2. Evolução humana   599.938

MEIO AMBIENTE & EVOLUÇÃO HUMANA

MAURÍCIO ANDRÉS RIBEIRO

Editora Senac São Paulo – São Paulo – 2013

ADMINISTRAÇÃO REGIONAL DO SENAC NO ESTADO DE SÃO PAULO
Presidente do Conselho Regional: Abram Szajman
Diretor do Departamento Regional: Luiz Francisco de A. Salgado
Superintendente Universitário e de Desenvolvimento: Luiz Carlos Dourado

Editora Senac São Paulo
Conselho Editorial: Luiz Francisco de A. Salgado
Luiz Carlos Dourado
Darcio Sayad Maia
Lucila Mara Sbrana Sciotti
Jeane Passos Santana

Gerente/Publisher: Jeane Passos Santana (jpassos@sp.senac.br)
Coordenação Editorial: Márcia Cavalheiro Rodrigues de Almeida (mcavalhe@sp.senac.br)
Thais Carvalho Lisboa (thais.clisboa@sp.senac.br)
Comercial: Jeane Passos Santana (jpassos@sp.senac.br)
Administrativo: Luís Américo Tousi Botelho (luis.tbotelho@sp.senac.br)

Edição de Texto: Marília Gessa
Preparação de Texto: Cristiana Ferraz Coimbra
Ilustrações: Maria Helena Andrés
Revisão de Texto: Globaltec Editora Ltda., Juliana Muscovick (coord.)
Capa: João Baptista da Costa Aguiar
Editoração Eletrônica: Globaltec Editora Ltda.
Impressão e Acabamento: Rettec Artes Gráficas Ltda.

Proibida a reprodução sem autorização expressa.
Todos os direitos desta edição reservados à
Editora Senac São Paulo
Rua Rui Barbosa, 377 – 1º andar – Bela Vista – CEP 01326-010
Caixa Postal 1120 – CEP 01032-970 – São Paulo – SP
Tel. (11) 2187-4450 – Fax (11) 2187-4486
E-mail: editora@sp.senac.br
Home page: http://www.editorasenacsp.com.br

© Editora Senac São Paulo, 2013.

SUMÁRIO

Nota do editor..7
Apresentação 13
José de Ávila Aguiar Coimbra
Introdução 17

A era atual..**21**
   Antecedentes: história natural 21
   Contexto: esferas da matéria, vida e consciência 25
   O antropoceno..29
   Tensão entre ambiente e ser humano............................34
   Diversidade de percepções sobre nossa espécie...............51
   Diversidade de papéis: gestor, indutor
   e regulador da evolução 57
   Salvador do planeta?! 63
   Ecologia, corrupção e ética 65
   Homo oecologicus 72

Ecologia do ser...**77**
   Corpo e ecologia do ser 79
   O cérebro 89
   Corpo e ambiente construído 92
   Impactos ecológicos dos pensamentos e das emoções ...96

Consciência 103
- Visões orientais e ocidentais sobre a consciência 103
- Consciência e ética 121
- Consciência e cultura 125
- Estados de consciência e a saúde 131
- Meditação e meio ambiente 136
- Estágios de desenvolvimento da consciência 141

Consciência ecológica 145
- Consciência ecológica integral 146
- Forças para expandir a consciência ecológica 150
- O mito da sustentabilidade 167
- Como despertar a consciência ecológica em quem projeta o ambiente? 171
- Ecologizar o *design* 173
- Estágios de consciência e consumo de carne 178
- Respiração como cultura 186
- Cultura ecológica na Índia 190

Aprendizagem ecologizadora 199
- Aprender o seu papel ou *dharma* 199
- Aprendizagem e consciência 202
- Aprendizagem e natureza 205
- Aprendizagem transformadora 213
- Ciências ecológicas aplicadas 223
- Ecoalfabetização e ecoaprendizagem 227
- Ecodrama e cultura de paz 234
- Atitudes diante de tragédias 238

Cenários: rumo a qual era? 243
- A Era Ecológica 252
- Tempo de agir 256

Bibliografia 265
Glossário 269
Sobre o autor 275

NOTA DO EDITOR

O planeta Terra já passou por diversas transformações ao longo dos milênios e o que distingue o atual cenário de transformação do planeta das rupturas anteriormente ocorridas é a velocidade das mudanças, que se passam agora na escala das dezenas de anos, e não mais na de milhões. O que motivou Maurício Andrés Ribeiro a escrever este livro é o fato de que o principal agente provocador dessas mudanças, e das eventuais catástrofes relacionadas com elas, tem sido a nossa própria espécie, o *Homo sapiens sapiens*.

O autor atua há muitos anos como ecologista e em seus diversos trabalhos e publicações dedicou atenção especial ao modo como o ser humano, esse agente de mudanças, age e evolui com seu corpo, mente, consciência, sensações, emoções, motivações, necessidades, desejos, valores, crenças, interesses.

Em *Meio ambiente & evolução humana* não foi diferente e, por esse motivo cumpre o objetivo de analisar as relações entre o homem e o meio que ele habita.

Para o leitor, compreender como o homem percebe a si e a seus múltiplos papéis será um exercício valioso. O autor nos dá a chance de analisar as razões pelas quais a nossa espécie provoca destruição e transformações negativas. Mas também aponta para a nossa capacidade de nos tornarmos gestores responsáveis da evolução

O desafio que o livro nos impõe é o de iniciar, no século XXI, uma evolução duradoura, baseada na consciência, na sabedoria e no conhecimento ecologizados.

Para Pierre Dansereau.

Agradeço a Miguel Grinberg,
Jorge Carcavallo, Othon Leonardos
e a Paulo Freire Vieira pelo
incentivo para abordar este tema.

APRESENTAÇÃO

A prazerosa incumbência de fazer a apresentação de *Meio ambiente & evolução humana* me abre espaço para recuar cinco lustros no calendário e dar umas pinceladas no panorama político-ambiental da época. Isso ajudará a resgatar as perspectivas e anseios que marcaram a fase de redemocratização do Brasil, assim como as esperanças despertadas pelo movimento ambientalista dos anos 1980 do século passado.

O arquiteto e professor Maurício Andrés Ribeiro é um *Homo oecologicus* no melhor sentido da expressão. Conheci-o nos primeiros meses de 1988, em Brasília, época em que a cidade vivia a movimentação da Assembleia Nacional Constituinte, sob a presidência de Ulysses Guimarães, que os antigos romanos teriam cognominado de "Pai da Pátria", tal como Cincinato e outros vultos impressionantes daquela antiga República.

Viveu-se também, naquela época de 25 anos atrás, a expectativa de "ecologização" da Carta Magna do País, a Constituição que encerrou o autoritarismo do regime militar, abriu perspectivas para uma era democrática e – por que não dizê-lo? – uma era também ecológica. Sete anos antes, em 31 de agosto de 1981, viera a consagrada Lei nº 6.938/81, que instaurou a Política Nacional do Meio Ambiente, em saudável vigor até hoje.

Podemos dizer, com justiça, que o líder do Artigo 225 da Constituição Federal sobre o meio ambiente foi o então deputado constituinte Fábio Feldmann; e o pai da Lei da Política Nacional do Meio Ambiente foi o venerado professor doutor Paulo Nogueira Neto, outro ícone nacional.

A então Secretaria Especial do Meio Ambiente (que mais tarde seria transformada em Ministério do Meio Ambiente), na época sob o comando de Roberto Messias Franco, desenvolvia programas apropriados ao desenvolvimento ambiental que pudessem congregar as militâncias e as várias propostas de recuperação do tempo perdido – afinal, a Conferência das Nações Unidas sobre o Desenvolvimento Humano, realizada em Estocolmo, junho de 1972, já ia longe –, uma vez que o regime militar não via com bons olhos a questão que se afirmava, nem os seus pressupostos, nem a incipiente efervescência das ONGs. Foi num dos projetos da SEMA que ambos participamos, formulando esboços de um desenvolvimento sustentável.

Não por coincidência, foi em junho daquele ano que surgiu a Associação Nacional de Órgãos Municipais e Meio Ambiente (Anamma). Também dessa fase foi a ABEMA - Associação Brasileira de Entidades Estaduais de Meio Ambiente, que congregava os órgãos governamentais estaduais.

Quis relembrar os acontecimentos e esses nomes poucos, sem detrimento de uma numerosa plêiade de outros artífices do pensamento e da ação ambiental no Brasil, porque eles e outros marcaram a época do nosso renascimento ambiental. Nesse quadro de honra ao mérito, Maurício Andrés Ribeiro tem o seu lugar marcado.

O autor deste livro viveu experiências e desenvolveu trabalhos de grande significado para a causa ambiental. Na renomada Fundação João Pinheiro, de Belo Horizonte; sendo presidente da FEAM - Fundação Estadual do Meio Ambiente de Minas Gerais; como Secretário Municipal do Meio Ambiente da capital mineira; atuando como consultor e animador da gestão ambiental, nessas e em outras áreas de ação, foi sobretudo um pensador sereno e obstinado. Sua paixão (se assim posso me exprimir) era sempre "ecologizar" as cabeças e as estruturas, uma espécie de marca registrada. Mas, ele próprio prosseguiu "ecologizando-se" de tal modo que uma obra sua de 1998, *Ecologizar*, um volume denso, passou por mais duas edições sucessivas. Na 4ª edição, porém, a obra desdobrou-se em três outros volumes, igualmente densos, a saber: (1) *Princípios para a ação*, (2) *Métodos para a ação* e (3) *Instrumentos para a ação*, editados em 2009.

Agora temos em mãos um interessante livro de Maurício Andrés Ribeiro: *Meio ambiente & evolução humana*, que integra a Série Meio Ambiente publicada pela Editora Senac São Paulo. Desta vez é um itinerário diferente – sempre buscando a "ecologização" –, que nos faz retroagir quase à vida intrauterina da espécie *Homo sapiens sapiens*. São revisitados os antiquíssimos períodos do Antropoceno, em que nossos antepassadíssimos precursores começaram a registrar rudimentarmente os tempos históricos, já decorridos milhões de anos dos tempos geológicos da formação do planeta Terra e dos tempos biológicos, quando a vida se manifestou e se desenvolveu nesta pequena pelota do sistema solar, que é a nossa casa comum, a nossa *Oikos*.

INTRODUÇÃO

O meio ambiente resulta da interação da espécie humana com os ecossistemas naturais e com os artefatos e os objetos criados pelo próprio homem. A presença do ser humano é essencial para configurar o ambiente, particularmente no atual período Antropoceno da história do planeta, no qual ele se tornou um agente importante.

Para escrever este livro, recorri à releitura e reinterpretação de ideias e pensamentos contidos em livros publicados anteriormente - especialmente *Ecologizar* (2009) e *Tesouros da Índia para a civilização sustentável* (2003). Como a civilização indiana se aprofundou nas questões da subjetividade e nos estudos da consciência, lancei mão, em vários trechos do livro, de reflexões originárias daquela sociedade.

Nos vários capítulos deste livro, formulamos perguntas e procuramos respondê-las:

- Quem somos, enquanto espécie, e qual o nosso papel na evolução?
- O que é a consciência?
- O que é a consciência ecológica?
- O que aprender? Como? Quando? Com quem?
- Qual o conhecimento necessário para a era ecológica?
- Que habilidades, ideias, valores, desejos e crenças precisamos aprender e praticar?
- O que move a ação humana, o que a influencia e como ela pode ser alterada?

- Somos capazes de nos tornarmos gestores responsáveis da evolução?

No século XXI, uma evolução duradoura será uma evolução baseada na consciência, na sabedoria e no conhecimento ecologizados.

Ao abordar a ecologia do ser, um campo complementar à visão socioambiental, esperamos enriquecer o imaginário sobre o tema do meio ambiente e oferecer pistas para trilharmos caminhos que possam nos ajudar a superar a atual crise da evolução.

Este livro homenageia Sri Aurobindo, que caracterizou o momento atual como o de uma crise da evolução e definiu o ser humano como um ser em transição; também homenageia meu amigo e guru Pierre Dansereau, com quem aprendi sobre a ecologia humana. Ele se apoia sobre ideias de Peter Russell, James Lovelock, Pierre Weil e Ken Wilber; do cosmólogo Brian Swimme e do historiador da cultura Thomas Berry, que examinaram a história do universo e, a partir dessa perspectiva, projetaram a visão da grande obra – que nos cabe a todos –, de fazer acontecer uma nova era ecológica.

A ERA ATUAL

ANTECEDENTES: HISTÓRIA NATURAL

> Estamos experimentando uma situação histórica ameaçadora. Não estamos apenas lidando com a adaptação humana a distúrbios de padrões de vida humanos. Estamos lidando com a ruptura e mesmo o término de uma era geobiológica que governou o funcionamento do planeta por cerca de 67 milhões de anos.
>
> Thomas Berry, *The Great Work*

A história natural define as grandes eras, períodos e épocas da evolução do universo e da Terra.

Pela hipótese do *big bang*,[1] há cerca de 14 bilhões de anos uma grande explosão teria dado origem ao universo, a partir de uma singularidade – um ponto com densidade e temperatura infinitas. Ele ainda se encontra em expansão, com as galáxias se afastando umas das outras, conforme ilustra a figura 1.

---

[1] Outras hipóteses propõem que haja um pulsar cíclico, com expansões e contrações, o que assombrosamente se aproxima da visão de mundo hindu pela qual os períodos de vida e morte do universo são tão longos como o tempo necessário para destruir uma montanha de granito passando um pedaço de algodão sobre ela uma vez a cada cem anos; o universo é criado e extinto de acordo com o ritmo da respiração de Brahma, que, ao expirar ou inspirar, regula os ritmos universais.

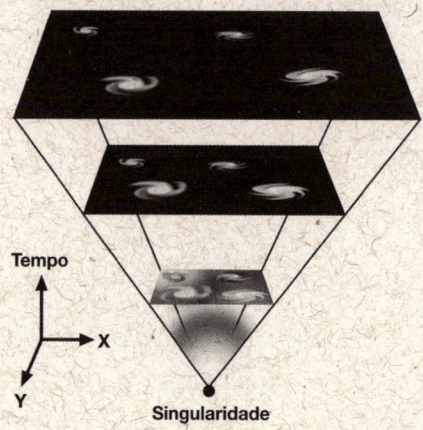

Figura 1 Singularidade

Formaram-se as galáxias com suas estrelas. O sistema solar encontra-se na periferia de uma das bilhões de galáxias, a Via Láctea. O sol é uma estrela anã de quinta grandeza em torno da qual gravitam planetas. A Terra é o terceiro planeta mais próximo do sol.

Durante sua história, o planeta Terra passou por distintas eras geológicas, longos lapsos de tempo, medidos em bilhões e em milhões de anos.

A escala geológica trabalha com as grandes eras, períodos e épocas da história da matéria e da vida. As eras em que passou a existir vida animal foram denominadas Paleozoica (em grego, significando *zoo* = vida animal, e *paleo* = antiga), Mesozoica (vida animal média) e Cenozoica (vida animal recente).

A Era Mesozoica, quando imperaram os dinossauros, ocorreu por volta de 245 a 65 milhões de anos atrás. Terminou devido a uma catástrofe que pode ter sido causada pelo choque de um asteroide com a Terra.

Entre uma e outra era ou período, eventos críticos romperam com as características da etapa anterior. Dois desses eventos ocorreram há 245 e há 65 milhões de anos. Na história da Terra já ocorreram cinco grandes extinções maciças de espécies, causadas por fatores externos ao planeta – tais como a colisão de corpos celestes – ou por fatores internos, como a erupção de vulcões, que caracterizam os momentos de ruptura de uma para outra era.

A Era Cenozoica iniciou-se depois da última grande extinção há 65 milhões de anos (quando desapareceram os dinossauros) e dura até nossos dias. É a era mais recente, quando começou o mundo tal como o conhecemos e na qual teve lugar toda a história humana.

Pretendemos recapitular os diferentes tempos da história da Terra fazendo uma retrospectiva. As etapas anteriores são conhecidas como tempo geológico, fase em que houve a consolidação da Terra em suas estruturas minerais, gessosas e hídricas, preparando o planeta para acolher e sustentar a vida. Veio em seguida a fase biológica, durante a qual se desenvolveu a vida em suas várias modalidades, destacando-se o surgimento dos mamíferos, entre os quais apareceria o homem, milhões de anos depois. Por fim, temos o tempo histórico, no qual se destaca a espécie humana, dotada de linguagem e expressões, capaz de transformar o ecossistema planetário mediante intervenções ditadas por sua inteligência, vontade, emoções e ambições.

Conforme essa classificação das geociências, estamos na época recente (iniciada há cerca de 10 mil anos) do período quaternário da Era Cenozoica – período esse iniciado entre um milhão e 800 mil anos atrás. Essa época vem sendo chamada também de Antropocena, pela importância da influência antrópica sobre o ambiente.

Hoje vivemos num momento de ruptura, com profundas e aceleradas mudanças ambientais e climáticas. Na medida em que o planeta passa por essa transformação, cada espécie viva procura se adaptar às novas condições ambientais. Algumas são bem-sucedidas; outras se extinguem para sempre, quando são alterados os ambientes aos quais haviam se adaptado. Alguns ambientes, eles próprios, se extinguem ou se transfiguram, tais como as pequenas ilhas inundadas pela elevação dos mares ou as áreas que se desertificam.

CONTEXTO: ESFERAS DA MATÉRIA, VIDA E CONSCIÊNCIA

> Mesmo a transição do Paleolítico para o Neolítico no desenvolvimento cultural humano não pode ser comparada com o que está acontecendo agora. Porque estamos mudando não apenas o mundo humano, estamos mudando a química do planeta, a estrutura e o funcionamento geológicos do planeta. Estamos perturbando a atmosfera, a hidrosfera, a geosfera, de um modo que está desfazendo o trabalho da natureza em centenas de milhões, mesmo bilhões de anos.
>
> Thomas Berry, *The Great Work*

O conhecimento científico proporciona crescente compreensão sobre o funcionamento do cosmos, do planeta, da vida, da mente e da consciência. Nosso planeta é uma bola de fogo (pirosfera), com uma crosta sólida (litosfera) e líquida (hidrosfera) ou de gelo nos polos (criosfera), circundada por uma fina camada de gases (atmosfera) e, em seguida, pela magnetosfera, que protege o planeta das radiações solares. Mais além, há o espaço cósmico (cosmosfera). Numa faixa estreita de sua superfície há seres vivos (biosfera). Entre eles, destaca-se a espécie humana, que ocupa todo o planeta (antroposfera) com sua diversidade de culturas, civilizações e sociedades. Pierre Dansereau (apud Vieira & Ribeiro, 1999) realçou as mútuas interações que cada uma dessas esferas mantém com as demais. Elas interagem entre si: assim, por exemplo, erupções vulcânicas se originam na pirosfera, poluem a atmosfera e, ao afetar as viagens aéreas, influem na antroposfera.

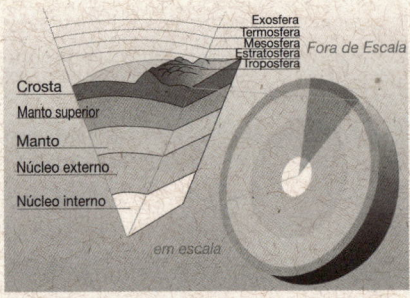

Figura 2 Pirosfera, litosfera, hidrosfera, atmosfera.

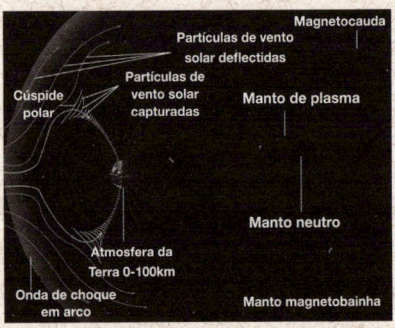

Figura 3 Magnetosfera

É relevante dar atenção à relação entre a vida e o clima, bem como à dinâmica da interação da biosfera com a atmosfera. Esse é um aspecto fundamental para se desenharem respostas adequadas à crise climática que vivemos hoje. Ao respirarem, os animais absorvem oxigênio e expelem gás carbônico. Na fotossíntese, os vegetais fazem o inverso: absorvem o gás carbônico e expelem oxigênio. Essa relação complementar entre vida animal e vegetal foi esclarecida pelo ambientalista José Lutzenberger:

> São os animais que não permitem que as plantas morram de fome. Os animais dominam outra técnica muito parecida à fotossíntese, quase igual, porém invertida – a respiração. Enquanto as plantas, armazenando energia, sintetizam substâncias orgânicas, liberando oxigênio, os animais, com oxigênio, queimam estas substâncias e usam a energia liberada no processo. Eles devolvem ao ambiente exatamente aquilo que a planta retirou. (Lutzenberger, 1989, p. 149)

Nessa linha de realçar as relações entre vida e clima, afirma Lovelock (Gaia-Alerta Final, 2009):

> A respiração é uma poderosa fonte de dióxido de carbono, mas você sabia que as exalações da respiração e outras emissões gasosas de quase 7 bilhões de pessoas na Terra, seus animais de estimação e gado são responsáveis por 23% de todas as emissões de gases de efeito estufa? Se acrescentarmos o combustível fóssil queimado na atividade total para cultivar, colher, vender e servir alimentos, tudo isso totaliza cerca da metade de todas as emissões de dióxido de carbono. (Lovelock, 2009, p. 77)

Quando se incluem os componentes relacionados com a consciência nesse modelo das esferas, explicitam-se vários tipos de relações que são determinantes para se compreender as transformações no mundo atual. Entre esses, destaca-se a noosfera, conceito elaborado pelo paleontólogo Pierre Teilhard de Chardin (1955). A noosfera (ou ideosfera) engloba o conhecimento interior, as ideias, as linguagens, as teorias, os pensamentos e as informações geradas ou captadas. A raiz grega da palavra, *nous*, que significa a consciência intuitiva, refere-se à imaginação, ao subjetivo, ao pensamento flexível e complexo. Pierre Dansereau (1999), pioneiro no campo da ecologia humana, observa que a noosfera penetrou gradualmente muito além dos limites da biosfera. De fato, a noosfera, através das faculdades humanas, vem alterando profundamente as características da Terra, dos ecossistemas e até da estrutura planetária.

Há duas grandes diferenças entre a atual transformação no planeta e as rupturas anteriormente ocorridas: uma é a velocidade das mudanças, que se passam agora na escala das dezenas de anos e não mais na escala de milhões de anos. A outra é que o principal agente provocador dessas mudanças e das catástrofes relacionadas com elas é a nossa própria espécie, o *Homo sapiens sapiens*. Se essa espécie provoca destruição e transformações negativas, também é capaz de atuar positivamente e restaurar ambientes.

Por isso se define este período como o Antopoceno, no qual nossa espécie predomina e transforma o ambiente, as paisagens e, ao fazê-lo, se transforma a si própria. O Antropoceno é um período de transição entre a Era Cenozoica em estágio terminal e a era que se seguirá.

O ANTROPOCENO

A biologia classifica os seres vivos em gêneros e espécies e lhes dá nomes em latim. A superfamília dos *Hominoidea* inclui os símios – chimpanzés, gorilas e o gênero homo. As ciências nos classificaram como *Ardipithecus ramidus* na África, seguidos pelos *Australopithecus*. Há dois milhões de anos surgiram na África o *Homo habilis* e o *Homo faber*, pelas habilidades do fazer com a ajuda das ferramentas. Tais habilidades são compartilhadas com o joão-de-barro, os cupins e os crustáceos, que fabricam suas moradias, ou o castor que represa a água.

Em seguida, na Idade da Pedra, também apareceram na África o *Homo ergaster* "homem erguido", bem como o *Homo erectus,* designado pela postura. A Ásia e a Europa conheceram também o Homem de Neandertal.

Todas essas espécies se extinguiram, exceto o *Homo sapiens,* surgido há apenas 150 mil anos.[2]

---

[2] Observa Eduardo Weaver que essa abordagem da evolução do homem e as datas mencionadas estão de acordo com a ciência convencional. No entanto, mesmo no campo da ciência moderna existem evidências que remetem a origem do *Homo sapiens* para uma data muito anterior aos 150.000 anos A.C. As idades mencionadas em tabela são objeto de discussões entre cientistas e arqueólogos. Essa cronologia do aparecimento do homem na Terra diverge de outras. Assim, por exemplo, na Antropogênese de Helena Blavatsky – em sua obra *A doutrina secreta* (1999) – ela descreve que floresceu na Atlântida há centenas de milhares de anos uma avançada civilização da qual descendem os incas, toltecas, maias e povos andinos.

Nossos antepassados, originários da África, expandiram-se para o Oriente Médio, Ásia, Europa e Américas. Extinguiram competidores. Sobreviveram à longa Era do Gelo e quase se extinguiram há 74 mil anos, quando uma erupção vulcânica em Sumatra provocou uma Era Glacial e reduziu a população humana a 10 mil adultos.

Há 50 mil anos, surgiu o *Homo sapiens sapiens*, o homem que sabe que sabe. O *Homo sapiens sapiens* tem fabulosa capacidade de adaptação a vários ambientes e climas, tendo ocupado todo o planeta. Essa espécie exerceu papéis diferenciados, passando de personagem de fundo do palco a protagonista, com características distintas entre as espécies vivas no atual estágio da evolução.

Ao final da Era Glacial, há 11.500 anos, quando o clima proporcionou condições propícias, iniciou-se a Idade da Pedra, por volta do ano 9.000 a.C.

A espécie *Homo sapiens sapiens* tornou-se grande predadora, que mata e come outras espécies. O *Homo super predator* transformou a natureza. Há 8 mil anos aprendeu a domesticar animais e plantas, transformando o uso do solo com a revolução agrícola. Vieram a Idade do Bronze, no terceiro milênio antes de Cristo, e a Idade do Ferro, no segundo milênio a.C. A partir daí, floresceram civilizações humanas sofisticadas e criativas, quando terminou a última Idade do Gelo e teve início a agricultura.

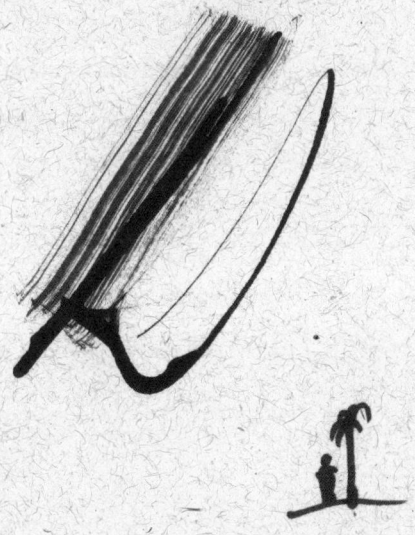

Pierre Dansereau (1999) identificou, desde a Pré-História até a atualidade, nove fases na relação da espécie humana com o ambiente, que compreendem: 1ª as terras virgens, antes da existência humana; 2ª a fase da coleta de frutos; 3ª a caça e a pesca; 4ª o pastoreio, com a domesticação de espécies animais; 5ª a domesticação dos vegetais, na revolução agrícola; 6ª a revolução industrial ocorrida já no século XVIII de nossa era, que amplificou os impactos da ação humana sobre a natureza. Vivemos a transição entre as fases: 7ª da urbanização e a 8ª do controle climático. Como etapa 9, prospectiva, ele vislumbra a fuga exobiológica, ou transmigração, prenunciada pelas pioneiras viagens espaciais e que dariam início à Era Cosmozoica da evolução humana (figura 4).

Figura 4 A escala de interferência humana na paisagem. Baseado no esquema de Pierre Dansereau (1999). Fonte: In Ribeiro. *Ecologizar*, 2009.

Um retrato tirado instantaneamente no planeta hoje nos revelaria a existência de seres humanos nessas diversas etapas de relação com o ambiente: desde os astronautas e cosmonautas que já saíram da biosfera e entraram na cosmosfera até os bilhões de indivíduos urbanos e que participam da Era Industrial, passando por agricultores, pastores e populações indígenas isoladas na Amazônia que se encontram na etapa da coleta e da caça.

Maurício Andrés Ribeiro

TENSÃO ENTRE AMBIENTE E SER HUMANO

> O *Homo sapiens* não é mais do que uma espécie cuja passagem pelo planeta é efêmera e cujo destino é selado pelas mesmas leis naturais que regem as demais formas de vida. Seria um engano pensar que o homem tenha conquistado a Terra. Somos a espécie dominante simplesmente porque eliminamos grande parte da biosfera. E, ao fazermos isso, geramos condições pouco promissoras para nossa própria sobrevivência.
>
> John Gray, *Cachorros de Palha*

No último século houve um crescimento exponencial da população humana e de animais domésticos. Éramos um bilhão de pessoas em 1800; somos cerca de 7 bilhões em 2010. A população animal, criada para prestar serviços, servir de companhia como animais de estimação e de alimento à população humana, também se multiplicou. Um indicador disso é a população animal abatida nos matadouros. Anualmente, sem considerar os animais aquáticos (peixes e crustáceos) e os de criação extensiva, são mortos, para servirem de alimento, cerca de 50 bilhões de animais. Em 2003 foram abatidos 45,9 bilhões de galinhas e frangos; 2,26 bilhões de patos; 1,24 bilhões de porcos; 857 milhões de coelhos; 691 milhões de perus; 533 milhões de gansos; 515 milhões de carneiros, ovelhas e cordeiros; 345 milhões de cabras; 292 milhões de bois, vacas e vitelos; 65 milhões de roedores; 63 milhões de pombos e outras aves; 23 milhões de búfalos; 4 milhões de cavalos e 3 milhões de asnos e mulas; e 2 milhões de camelos e outros camelídeos.[3]

Esses números tendem a crescer, caso se mantenha a tendência de crescimento econômico associado a uma dieta predominantemente carnívora. Tal população crescente de animais significa maior emissão de gases de efeito estufa na atmosfera.

---

[3] Ver http://www.centrovegetariano.org/Article-327-N%25FAmero%2Bde%2Banim ais%2Bpara%2Bconsumo%2Bhumano.html (acesso em 7-12-2011).

Inversamente, há uma redução de 7 milhões de hectares por ano na área de florestas, especialmente nos países tropicais, e sua substituição por terrenos para pastagens ou áreas de cultivo para alimentar as populações humanas; além do plantio de soja, milho e outras culturas para alimentar os rebanhos bovinos, suínos, etc. As queimadas são responsáveis por 1/6 das emissões de gases de efeito estufa e, com a destruição dos *habitats*, há uma redução da população animal, especialmente das espécies silvestres e em risco de extinção, o que parcialmente compensa a multiplicação dos animais que servem ao homem.

O resultado é que, ao mesmo tempo em que aumentam as populações humana e animal, diminui a população de árvores e também de algas fotossintetizadoras nos oceanos. Isso significa a liberação, pela respiração, de mais gases de efeito estufa na atmosfera enquanto se reduz a capacidade de absorver tais gases por meio da fotossíntese.

Há, desse ponto de vista, um duplo prejuízo no que se refere à produção de gases de efeito estufa, ao substituir função original – as florestas – que absorvem CO_2, armazenam carbono e prestam outros serviços ambientais, por um uso voltado à produção e ao comércio – a agropecuária – que produz CO_2 e o metano, 21 vezes mais disruptor do que aquele. Ela produz também alimentos, mas destinados a um padrão de consumo alimentar altamente ineficiente do ponto de vista da ecologia energética. Na mudança desse padrão de consumo pode estar uma das respostas para lidar com a crise climática.

Em 2011, a ONU divulgou relatório com projeções do crescimento da população:[4] 7 bilhões em 31 de outubro de 2011; 9,3 bilhões em 2050 e 10 bilhões em 2100. Algumas previsões que integram o clima às projeções de população são catastróficos com um decréscimo rápido, como consequência da exaustão da capacidade de suporte do planeta e das mudanças climáticas. James Lovelock, o autor da teoria Gaia, estima que no final do século XXI estaremos reduzidos a 1 bilhão de pessoas, como foi em 1800. Numa reedição da expulsão do paraíso, nossa espécie corre o risco de ser expulsa do planeta que a hospeda.

A multiplicação das classes médias, com grandes quantidades de pessoas saindo da subsistência para condições de consumo material mais intenso, gera enorme pressão e impactos sobre esses recursos. Com o crescimento da população, a maior duração média de vida e o maior consumo de energia, de alimentos e outros bens e serviços que atendam à demanda crescente, estressou-se a relação de nossa espécie com o ambiente.

---

[4] Ver http://g1.globo.com/mundo/noticia/2011/10/populacao-mundial-chega-7-bilhoes-de-pessoas-diz-onu.html (acesso em 7-12-2011).

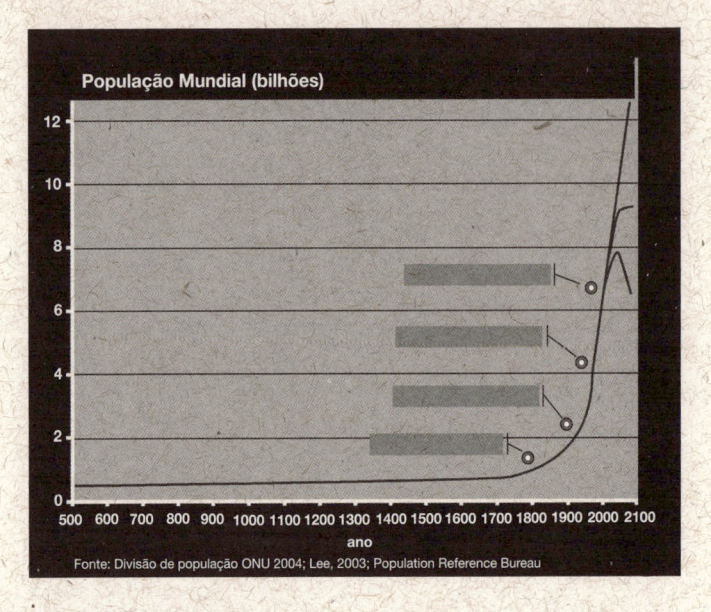

Figura 5 População mundial
Fonte: Divisão de População da ONU, 2003.

Neste momento vivenciamos múltiplas crises, em escalas variadas. Há uma crise real da evolução, uma transição do estágio terminal da Era Cenozoica, a era dos mamíferos, para um novo momento. Essa crise é indicada pelas mudanças climáticas e pela extinção acelerada da biodiversidade. Há uma crise da evolução da espécie humana; há crises culturais, civilizatórias; uma crise de abastecimento energético e do petróleo, com o esgotamento de fontes de energia e questionamentos da matriz energética; uma crise financeira de excesso de confiança que se transmuta numa crise de falta de confiança, de falta de crédito, numa crise econômica e social; há também crises políticas, com a instabilidade de governos incapazes de encarar e enfrentar as demais crises; há crises de abastecimento de alimentos e de água, de relacionamento interpessoal e, ainda, crises pessoais, psicológicas.

Regiões se desertificam e perdem capacidade de suportar atividades; populações migram, economias e civilizações entram em colapso, governos são destituídos, valores são abandonados.

Nossa espécie interfere ativamente no curso da evolução física, biológica e de sua própria evolução: destrói a camada de ozônio e altera o clima, com a emissão de gases que agravam o efeito estufa até níveis perigosos. Polui as águas e os oceanos, desfloresta, desequilibra ecossistemas, modifica o uso e a ocupação do território, cria e destrói paisagens e os *habitats* em que vivem espécies animais e vegetais, além de inventar outras por meio das biotecnologias. Provoca mortandades ao modificar o uso da terra, das paisagens e dos ecossistemas. Voraz, causa o esgotamento dos recursos. Muitas espécies vivas animais e vegetais são extintas para atender a demandas humanas. A relação dos seres humanos com a Mãe Terra, que os sustenta com generosidade, aponta para o matricídio, o virtual assassinato da própria mãe, sugada, superexplorada, exaurida.

> Jared Diamond (2005) aponta entre os principais problemas, além da perda de espécies, a destruição de *habitats* naturais (florestas, pântanos, recifes de coral), a redução das fontes de alimento (peixes, por exemplo, que respondem por 40% da proteína consumida no mundo), a erosão e salinização dos solos, a dependência dos combustíveis fósseis, o esgotamento dos recursos hídricos, o despejo de produtos químicos (agrotóxicos, hormônios, componentes de plásticos, rejeitos de mineradoras, poluição do ar, etc.), a transferência de espécies exóticas para novos *habitats*, o acúmulo dos gases do efeito estufa, o aumento da população e seu impacto sobre os recursos naturais.

Alerta Thomas Berry que:

Tão terrível é a devastação que estamos provocando que podemos apenas concluir que estamos presos numa severa desorientação cultural, uma desorientação que é sustentada intelectualmente pela universidade, economicamente pelas corporações, legalmente pela Constituição e espiritualmente pelas instituições religiosas. (Berry, 1999, p. 72)

A crise da evolução engloba e influencia todas as demais. Seus sinais mais evidentes são a extinção de espécies e as mudanças climáticas. Por sua vez, as perdas de biodiversidade e transformações no clima aumentam a vulnerabilidade e os perigos com os quais se convive.

Atualmente, a cada dez minutos ocorre a extinção de uma espécie viva. Seis espécies por hora; 150 por dia; 50 mil por ano. Em dez anos, haverá 500 mil espécies a menos. A continuar nesse ritmo, em 100 anos, cerca de 30% do total de espécies terão deixado de existir.

O *Homo sapiens* mantém vários modos de relações ecológicas e interações com os demais de sua espécie, com outras espécies e com o planeta que o hospeda.[5] Os tipos de relações variam das de parceria e cooperação até as de antagonismo ou competição. A simbiose e o comensalismo são relações harmônicas. São desarmônicas as interações como a antibio-

---

[5] Atualmente, há grande facilidade para compreender as relações no mundo natural, por meio do cinema, da televisão, das novas tecnologias da informação. Relações antagônicas aplicam estratégias astuciosas, de predação e mortes violentas. Ver, por exemplo, os programas na National Geographic ou a série Planeta Terra, da BBC, com quatro DVDs que mostram tais interações biológicas nos polos, nas montanhas, na água doce, nas cavernas, nos desertos, nas grandes planícies, nas selvas, nas florestas sazonais, no mar raso, nos grandes oceanos.

se (princípio usado nos antibióticos, que matam ou inibem certos organismos vivos), o predatismo, o canibalismo, o parasitismo. A simbiose implica cooperação, convivência, coevolução do ser em seu ambiente e reciprocidade mutuamente reforçadora, é uma relação entre duas plantas, uma planta e um animal, ou dois animais, na qual ambos os organismos recebem benefícios. Nessa relação, os organismos atuam em conjunto para proveito mútuo.

Sendo animal e sendo político, para o ser humano as formas de interação correspondentes às biológicas e ecológicas se reproduzem no campo das relações políticas, sociais, econômicas e afetivas. No campo social e político, as relações negativas podem ser de guerra, de confronto e de conflito violento ou não violento, de dominação, de submissão, de dependência, de manipulação; na interação positiva ou harmônica encontram-se as relações de diálogo, de cooperação e parceria, de enriquecimento mútuo, de aliança.

José Lutzenberger (1989) dizia que a população humana vem se comportando pior do que o pulgão no tomateiro. Ele se referia ao parasitismo, um dos tipos de relações desarmônicas que ocorre no mundo da natureza. O parasita vive no corpo do hospedeiro, do qual retira alimentos. O pulgão se reproduz até matar a planta hospedeira. O *Homo sapiens* parasita é inquilino de seu *habitat* Terra, nutre-se dele. Hóspede voraz, consome sem limites alimentos, matérias-primas e energia, caminhando para cometer o matricídio da Mãe Terra que o nutre. Mas a natureza pode assumir a face da mãe Kali,[6] a deusa hindu e, com desastres mais intensos e frequentes, mostrar sua força diante daqueles que a parasitem.

Nossa espécie provoca transformações em seu *habitat*, acidentes ecológicos, mudanças de uso da terra, usa o fogo e tecnologias cada vez mais poderosas. O *Homo sapiens* se multiplicou em números e em tipos de aspirações, desejos e necessidades. Aumentou sua densidade demográfica, bem como a duração média de vida e o consumo de energia, de alimentos, de água, de materiais. Exerce formidável pressão sobre a capacidade de suporte do ambiente e os limites de seu planeta que, visto de longe, é uma ilha no universo. O ilhéu está cercado por um vasto oceano de água; o terráqueo está cercado pelo vasto espaço sideral.[7] O astronauta, distante da Terra, percebe-a como uma unidade.

---

[6] Kali representa a natureza, deusa da morte e da sexualidade, é a divina Mãe do universo e destrói a maldade.
[7] Devido a seu isolamento relativo, as ilhas sempre foram, desde Darwin e A.R. Wallace até Jared Diamond, ambientes privilegiados nos quais busca-se compreender a extinção de espécies, novas especiações e a limitada capacidade de suporte. A ecobiologia das ilhas é um campo rico para se entenderem os processos evolutivos (Quammen, 2009).

A experiência do ilhéu

Quando visitei Fernando de Noronha tive a experiência de um ilhéu. Num arquipélago, tudo deve ser cuidadosamente calculado para que as ilhas se abasteçam de alimentos, materiais de construção, de água, de energia e para que sustentem a população local ou de visitantes. A capacidade local de produção de cada um desses itens é limitada. Distante do continente e com conexões limitadas com as fontes de suprimento, a ilha precisa importar alimentos, materiais e combustíveis via de regra externos ao seu território limitado pelo transporte marítimo ou aéreo, também planejado.

Construir uma edificação nova ou ampliar as existentes, fazer um casamento e uma casa nova são atividades para se regular com cuidado, pois cada crescimento significa uma pressão adicional sobre a capacidade de suporte limitada da ilha. Também é necessário planejar a coleta e a disposição final de resíduos, por meio de navios específicos para o transporte de detritos que os levam para o continente. Há necessidade de produzir energia e água para o consumo, aplicando tecnologias para aproveitar o vento, o sol e para dessalinizar a água do mar.

Numa ilha, são muito claros os limites da capacidade de suporte do ambiente. Há problemas operacionais e logísticos para se sustentar. Jared Diamond, no seu livro *Colapso*, estudou as ilhas de Nova Guiné, Dominica (Haiti e República Dominicana) e a ilha de Páscoa, entre outras. Ele relata o caso da ilha de Tikopia, no Pacífico Sul, com 4,7km² e densidade de 309 habitantes/km², habitada há quase três mil anos. Nela, uma das estratégias para garantir a capacidade de sustentação do ambiente foi a mudança de hábitos alimentares, eliminando todos os porcos, que "atacavam e estragavam as plantações, competiam com os humanos por comida, eram um meio ineficaz de alimentar seres humanos (são necessários 9 kg de vegetais comestíveis para produzir apenas 1 kg de porco) e acabaram se tornando uma comida de luxo para os chefes" (DIAMOND, 2005, p. 356). Eliminar a carne de porco do cardápio alimentar permitiu aproveitar melhor a limitada capacidade de suporte, pois os porcos disputavam a pouca área disponível para cultivo com a produção de alimentos para a população humana. Diferentemente da ilha de Páscoa, em que o desmatamento e a perda de capacidade de produzir seu próprio alimento levaram à extinção da população, Tikopia não entrou em colapso.

> O Reino Unido ocupa uma ilha com espaço limitado. Para tornar-se um império precisou drenar recursos do mundo para sustentar seu estilo de vida, por meio da colonização política e do domínio econômico. No Japão, arquipélago densamente habitado, cada metro quadrado de área é valioso e precisa ser ocupado com cuidado, o que fez desenvolver um cuidadoso ordenamento do espaço e planejamento do território.
>
> O estudo das ilhas é valioso, pois permite perceber, em escala local, questões que se aplicam em escala planetária.

O OÁSIS TERRA

Um oásis é um lugar em que há água e vida no deserto e no qual as caravanas param para descansar e se reabastecer antes de prosseguir viagem.

Na escala do sistema solar, a Terra é um lugar com solo fértil, vegetação, vida animal e água. É um pequeno ponto no deserto dos espaços siderais interplanetários. Na escala cósmica, a Terra é um oásis.

De onde vêm as águas que existem no oásis Terra?

Alguns astrônomos supõem que as águas se originaram no cinturão de Kuiper, um conjunto de cometas existente para além da órbita de Netuno; outros especulam que ela resultou do choque de corpos celestes gelados provenientes do cinturão de asteroides situado entre as órbitas de Marte e de Júpiter. Tal como em outros processos de concepção, o espermatozoide cósmico (um cometa ou asteroide) penetra no óvulo (a Terra) e a fecunda com a água portadora das condições de gerar a vida. Além dessas hipóteses, existe aquela de que a água tenha se formado a partir de elementos que existiam na própria Terra desde sua origem.

Como a superfície do planeta é em sua maior parte coberta por água, ela parece ser muita. Entretanto, na realidade seu volume é pequeno comparado com o volume total da Terra, pois a hidrosfera ocupa uma estreita faixa na superfície do planeta. A título de comparação, se a Terra fosse do tamanho de uma bola de futebol, a água nela existente teria o volume de uma bola de pingue-pongue. Diferentemente de Vênus, onde ela é gasosa, e de Marte, onde está em estado sólido, na Terra a água é encontrada nos estados sólido, líquido e gasoso. Sendo muito sensível a variações de temperatura, é o elemento por meio do qual a natureza responde diretamente às mudanças no ciclo do carbono que provoca as mudanças climáticas. Com o efeito estufa ela derrete, evapora. Intensificam-se e tornam-se mais frequentes eventos críticos tais como os que ocorreram no Brasil em 2010: estiagens na Amazônia e cheias no Nordeste, nas regiões metropolitanas de São Paulo, do Rio de Janeiro e do Rio Grande do Sul. Tais eventos trazem consigo prejuízos econômicos e sociais.

Do volume total no planeta, 97,6% da água é salgada e apenas 2,4% é água doce. Várias regiões já sofrem de estresse hídrico, em todos os continentes. Apesar de o Brasil dispor de 12% de toda a água doce do mundo, aqui também a relação entre demanda e disponibilidade mostra problemas em áreas e bacias críticas, especialmente no Semiárido nordestino e nas vizinhanças de regiões metropolitanas e em áreas densamente povoadas e industrializadas ou onde exista grande demanda de água para a irrigação na agricultura, como no Rio Grande do Sul.

Há diferenças entre a ruptura atual e as anteriores. Hoje, um importante agente da mudança é o *Homo sapiens sapiens*. A espécie humana é o motor da tragédia ambiental e da catástrofe real, devido ao impacto devastador de suas atividades. As transformações ocorrem no ritmo acelerado da evolução cultural e da consciência, e não mais no ritmo lento da evolução biológica.

Em um contexto de crescente pressão pela apropriação e uso dos recursos naturais, é grande o risco de conflitos e de propagação da violência entre sociedades e grupos sociais, bem como de empobrecimento e extermínio dos mais vulneráveis. Na dinâmica de transformação planetária, não há mais apenas espécies animais ou vegetais em risco de extinção. Lugares e territórios inteiros, como os pequenos países insulares no Oceano Pacífico, também já estão em extinção devido ao aumento do nível do mar.

A partir da segunda metade do século XX, com a revolução da informática e do conhecimento, a espécie humana ampliou sua capacidade de transformar a paisagem do planeta Terra e a biodiversidade.

Como o ser humano tornou-se um agente que influi no curso da evolução, as características do planeta que o hospeda são crescentemente influenciadas por sua consciência, por seu conhecimento, bem como pelas atitudes e comportamentos que adota individual ou coletivamente.

A espécie humana, por meio de sua cultura, da ciência e da tecnologia, é capaz de influir sobre o rumo da evolução ao modificar geneticamente espécies existentes, num processo de seleção artificial. Uma pequena parte dos 7 bilhões de seres humanos, com maior ciência e consciência, sabe que hoje ocorre uma grande extinção de espécies vivas; sabe que as atividades de nossa espécie são uma das causas dessas transformações e que elas afetam mais duramente alguns segmentos da sociedade do que outros; sabe que é possível influir no rumo da evolução. Nas grandes extinções anteriores não se colocavam questões éticas ou políticas, pois na natureza não existe o sentido do bem e do mal. No contexto atual, essas questões éticas fazem sentido, pois a humanidade é a única entre as espécies que dispõe da ética como um fator de seleção. Uma postura ética e política diante dessa crise exige a aplicação de valores tais como o da harmonia e da não violência. A ética política busca a liberdade e o bem viver para todos ao evitar a guerra, a violência, as relações indesejáveis, negativas, antagônicas e desarmônicas como a predação, o parasitismo e a defesa de privilégios, o escravagismo, as dominações social e politicamente injustas.

Nessa linha, aponta Pierre Dansereau que:

> Se a espécie humana, cujo lugar na natureza tornou-se mais do que nunca um tema de contestação, compartilhar os recursos do planeta Terra (e, daqui a pouco, aqueles de outros planetas tornados acessíveis) com outras espécies que estão quase completamente sob o seu controle, que responsabilidades deveriam ser assumidas pelas populações na gerência desses recursos?

Trata-se de uma questão moral e, portanto, ética.(Dansereau *apud* Vieira, 1999, p. 334).

O ambientalista José Lutzenberger utilizou linguagem poética para alertar que:

> Só o cego intelectual, o imediatista, não se maravilha diante desta multiesplendorosa sinfonia, não se dá conta de que toda agressão a ela é uma agressão a nós mesmos, pois dela somos apenas parte. A contemplação do inimaginavelmente longo espaço de tempo que foi necessário para a elaboração da partitura e o que resta de tempo pela frente para um desdobramento ainda maior do espetáculo até que se apague o Sol, só pode levar ao êxtase e à humildade. Assim, o grande Albert Schweitzer enunciou como princípio básico de Ética "o princípio fundamental" da reverência pela Vida em todas as suas formas e manifestações! Se há um pecado grave, esse é frear a Vida em seu desdobramento, eliminar espécies irremediavelmente, arrasar paisagens, matar oceanos. (Lutzenberger, 1970, p. 85).

O ser humano interfere sobre o curso da evolução biológica e cultural no planeta. Isso poderá, numa previsão pessimista, levar ao autoextermínio da espécie; numa previsão mediana, a uma degradação crescente; e numa previsão otimista, pode levar ao aprimoramento do próprio processo evolutivo e do ambiente em que vivemos.

O futuro do ser humano está em jogo. Não sabemos que tipo de ambiente, de climas e que espécies emergirão ao final da atual mudança de era. É uma incógnita se emergiremos ao final desse processo como uma espécie aprimorada ou se nos extinguiremos, juntamente com outros milhares de espécies, incapazes de se adaptarem às novas condições ambientais.

Nossa espécie de seres em transição tanto pode ser incapaz de se adaptar às novas condições climáticas e ambientais e sucumbir como pode adaptar-se a elas, evoluir para uma nova espécie com outra consciência e outro comportamento, o que resultará em melhorias e amadurecimento ao final desta época turbulenta. Por meio de novos instrumentos e ferramentas, pode expandir sua capacidade mental. Por meio de valores aprimorados, melhorar a qualidade de suas atitudes e comportamentos. Pode passar, conscientemente, a produzir o ambiente e o clima, tornando-se efetivamente indutora da evolução.

DIVERSIDADE DE PERCEPÇÕES SOBRE NOSSA ESPÉCIE

> "Conhece-te a ti mesmo."
> *Inscrição no oráculo de Delfos, Grécia.*

Vivemos num tempo de transformações aceleradas e o agente dessas transformações é o ser humano. Para dar respostas à crise atual é valioso conhecer como evolui o ser humano, esse agente de mudanças, com seu corpo, mente e pensamentos, consciência, sentimentos, emoções, suas motivações e necessidades, desejos, valores e crenças, interesses e estágio de evolução, bem como as energias ou forças que impulsionam suas ações. É valioso compreender como ele percebe a si mesmo e aos seus múltiplos papéis.

No atual contexto planetário, cada vez mais é necessário o autoconhecimento desse ser que está causando profundas transformações ambientais e que tem crescente influência sobre os rumos da história. Esse autoconhecimento pode dar-se tanto no plano individual como na escala da população e da espécie humanas. A inscrição completa no oráculo de Delfos dizia: "Ó homem, conhece-te a ti mesmo e conhecerás o universo e os Deuses". Podemos ecologizá-la e expandi-la para a escala da espécie: "Ó espécie humana, conhece-te a ti mesma e conhecerás o ambiente e o universo em que vives."

O ser humano tornou-se o gestor e indutor da evolução, que será influenciada por suas ações, por suas atitudes e comportamentos, individuais ou coletivos. Com sua capacidade de autoconhecimento e de aprender como funciona a natureza, o ser humano é agente preservador e restaurador.

Na atualidade, o *Homo sapiens* é uma única espécie, mas que apresenta diversidades culturais, sociais e étnicas. Há também uma diversidade de percepções e de definições que procuram caracterizá-la. Elas por vezes realçam qualidades ou defeitos, virtudes ou vícios, aspectos bons ou maus, cada uma dessas definições contendo parcela da verdade.

Que imagens e percepções temos de nós mesmos?

Quem somos nós, quais as nossas características principais?

A variedade de definições filosóficas existente parte de distintas concepções e modelos mentais. Nossas várias designações como espécie espelham como nos vemos em nossas características e papéis sociais e individuais. Passamos a saber mais sobre quem define e expressa essa percepção do que sobre a própria espécie humana.

Algumas definições enfatizam o pensamento (Descartes: "Penso, logo existo"). Outras nos definiram como animal racional, enfatizando a razão. Aristóteles nos definiu como animais políticos. Outros realçaram nossa característica predatória (Hobbes: "O homem é o lobo do homem"). A tradição hindu enfatiza nosso caráter divino, como um corpo de luz, com desidentificação e abstração do corpo. Outras explicitam nosso caráter falível ("Errar é humano").

Algumas definições enfatizam nossos defeitos e deficiências; outras realçam nossas boas qualidades e virtudes, ou os aspectos físicos, sociais e espirituais. As designações do gênero *Homo* se baseiam em atributos variados: algumas expressam uma visão crítica e autocrítica a respeito dessa espécie; outras têm uma conotação humorística; outras, ainda, expressam uma percepção das potencialidades, de uma visão ideal ou de um desejo de quem as formula; ainda há aquelas que procuram expressar o que seus proponentes visualizam como a verdade ou a realidade sobre facetas da espécie. Muitas delas focam mais nas qualidades da consciência do que em diferenças biológicas ou genéticas. Em diferentes momentos, distintas qualidades da espécie foram percebidas e expressas por tais definições ou designações e cada uma delas corresponde a uma parcela da realidade acerca desse ser multidimensional, com suas grandezas e misérias.

Quadro 1 Designações do gênero Homo

Homo habilis		Homo academicus
Homo faber		Homo planetaris
	Homo bellicosus	Homo universalis
Homo erectus	Homo ciberneticus	Homo cosmicus
Homo sapiens	Homo tecnocraticus	Homo protæus
Homo sapiens sapiens	Homo consumptor	Homo perfectus
Homo superprædator	Homo œconomicus	Homo neuroplastica
Homo demens	Homo scientificus	Homo noologicus
Homo dives		Homo sapiens globalis
Homo moralis	Homo lixius	Homo sapiens localis
Homo sportivus	Homo stressatus	
Homo ludens	Homo symbioticus	Homo consulens
Homo idioticus		**Homo œcologicus**
Homo corruptus		
Homo honestus		

Fomos designados como *Homo demens* ("O homem é esse animal louco cuja loucura inventou a razão", disse

Cornelius Castoriadis); como o *Homo moralis* e o *Homo honestus*, um primata que coopera e que se comporta com valores éticos; o *Homo sportivus* e o *Homo ludens*, pelas características lúdicas, que compartilha com outros animais que jogam, gostam de brincar e fazer humor (Johan Huizinga); o *Homo corruptus*, uma espécie parasita e predatória. Temos capacidade de autorreflexão e de saber-nos ignorantes: o *Homo idioticus* que se deixa enganar e ao mesmo tempo é capaz de fazer humor e de se enxergar criticamente.

> "Dois planetas se encontram. Coçando-se, um diz: "Estou incomodado com essa coceira." Pergunta o outro: "O que pode ser isso?" O primeiro responde: "Acho que é *Homo sapiens*." O segundo finaliza a conversa: "Não se preocupe, isso passa logo."

O *Homo bellicosus* se denomina assim por seu caráter guerreiro; ao desenvolver a tecnologia somos *Homo tecnocraticus;* o *Homo œconomicus* e o *Homo consumptor*, espécie composta de um conjunto de indivíduos egoístas em busca de gratificação pessoal e acumulação material. Já o *Homo scientificus* valoriza a observação objetiva, a classificação e a mensuração. Edgar Morin fala do *Homo complexus*, que lida com a complexidade. Hoje podemos nos ver também como o *Homo lixus*, a única espécie animal que produz lixo: dois milhões de toneladas por dia. E ainda como o *Homo stressatus* moderno, com as consequências que isso traz à sua saúde, ansioso, com medo e preocupado com o futuro e com ameaças reais ou imaginárias. Diegues imagina o *Homo ricus*, uma parcela da humanidade que derivará da plutocracia e que se descolará do restante da espécie, beneficiária de onerosos avanços da medicina, pelos quais nem todos podem pagar. O *Homo consulens* trata com cuidado de sua casa e das demais espécies. Ao ocuparmos todo o planeta, nos vemos como *Homo planetaris*; ao viajarmos no espaço, somos *Homo cosmicus* e *Homo universalis*. O biólogo Edward O. Wilson assim descreve o *Homo protæus*:

> "Cultural, flexível, com vasto potencial. Conectado e dirigido pela informação. Move-se, adapta-se, pensa em colonizar o espaço. Lamenta a perda da natureza e espécies, mas esse é o preço do progresso e, de todo modo, isso tem pouco a ver com o futuro." (Wilson, 1998, p. 278).

Transumanistas, que trabalham com a perspectiva de um ser evolutivo, acenam com o surgimento do *Homo perfectus* que atua por meio do uso ético das tecnologias para estender as capacidades humanas. O *Homo noologicus* é aquele que sabe das consequências de seus atos. Joël de Rosnay, ao explorar as perspectivas para o terceiro milênio, define o homem simbiótico, um ser associado simbioticamente ao organismo planetário que surge com a sua própria contribuição, e de cuja associação harmônica decorrem benefícios para ambas as partes.

DIVERSIDADE DE PAPÉIS, GESTOR, INDUTOR E REGULADOR DA EVOLUÇÃO,

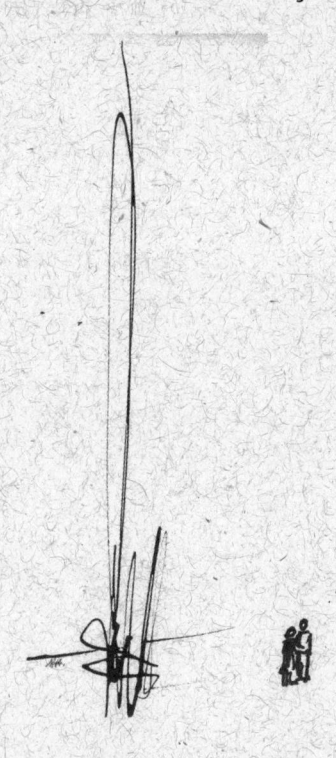

A espécie humana, coletivamente, tem os seus papéis. São múltiplas as visões acerca de tais papéis desempenhados pela nossa espécie no contexto da evolução, distinguindo ora uma, ora outra feição que nos caracteriza. Exemplos dessas visões sobre o *Homo sapiens sapiens* e suas múltiplas dimensões estão presentes na Figura 6.

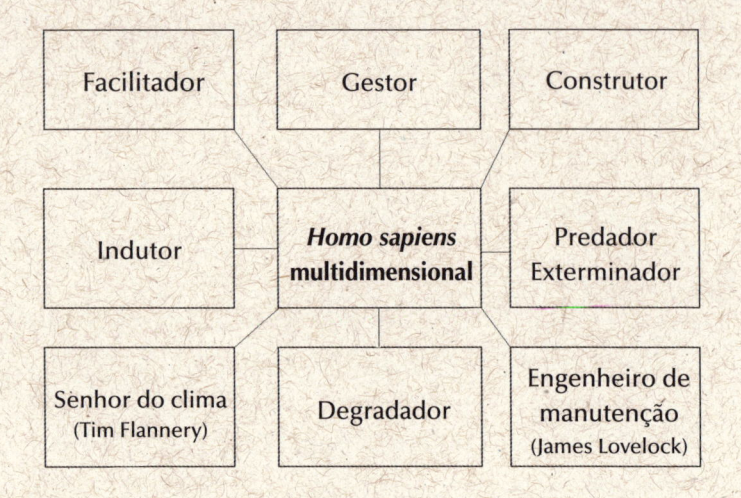

```
┌─────────────┐  ┌─────────────┐  ┌─────────────┐
│ Facilitador │  │    Gestor   │  │  Construtor │
└─────────────┘  └─────────────┘  └─────────────┘
┌─────────────┐  ┌─────────────┐  ┌─────────────┐
│   Indutor   │  │Homo sapiens │  │   Predador  │
│             │  │multidimensio│  │ Exterminador│
└─────────────┘  └─────────────┘  └─────────────┘
┌─────────────┐  ┌─────────────┐  ┌─────────────┐
│Senhor do clima│ │ Degradador  │  │Engenheiro de│
│(Tim Flannery) │ │             │  │ manutenção  │
│               │ │             │  │(James Lovelock)│
└─────────────┘  └─────────────┘  └─────────────┘
```

Figura 6 Dimensões do *Homo sapiens sapiens*.

O *Homo sapiens sapiens* tem papéis na evolução e nela influi de forma cada vez mais intensa, para o bem ou para o mal. Numa perspectiva que ressalta seus aspectos negativos, é visto como agente enfraquecedor, deteriorador, degradador dos sistemas de vida, um produtor de desertos; um pecador, em tradições religiosas. Ele é o grande predador, o anjo exterminador de outras espécies vivas e pode ser visto como um parasita, que suga a Terra que o hospeda. O ser humano é visto como aprendiz de feiticeiro, ao liberar forças que não sabe controlar. James Lovelock o define ora como o engenheiro de manutenção do planeta, ora como um delinquente juvenil, pela irresponsabilidade que demonstra em suas ações. Tim

Flannery nos chamou de senhores do clima, ao constatar que nossas ações estão causando as mudanças climáticas.

Sua ação incita, instiga e tem consequências que influenciam no rumo da evolução da vida no planeta. Da mesma forma, pode ser visto como regulador da evolução, potencialmente capaz de manejar de forma sustentável o ambiente natural e o clima. Uma visão positiva realça suas qualidades criativas e construtivas. Entretanto, tem se comportado como introdutor de desequilíbrios, irregularidades e desordens no sistema natural.

Estamos em período de teste probatório. Se passarmos no teste, poderemos ter um futuro promissor na vida da Terra e nossa própria espécie poderá tornar-se mais evoluída; se falharmos provocaremos colapsos, catástrofes e, numa hipótese limite, nossa própria extinção.

Sri Aurobindo[8] nos percebeu como seres em transição que têm em si uma centelha divina, capazes de contribuir para construir a evolução.

Dentre seus papéis ou funções, tornou-se um gestor da evolução. Isso significa que aquilo que fizermos como espécie influirá no rumo da evolução, no sentido da construção ou da destruição, no sentido da proteção à vida ou da aceleração das extinções da biodiversidade. Atualmente, há uma crescente

---

[8] Sri Aurobindo é autor de extensa obra publicada em trinta volumes pela Sri Aurobindo Ashram Trust, Pondicherry, Índia. Destaca-se como fonte de consulta para esse livro o volume 15 da série "Social and Political Thought".

percepção e consciência de que temos sido maus reguladores, maus gestores.

Vale então indagar:

- Como melhorar a qualidade da gestão?
- Como fazer para que nossa ação seja crescentemente benigna, construtiva e positiva e para que passemos a ser agentes da evolução, de forma consciente e responsável?
- Que estratégias, valores, princípios e métodos devemos usar?
- Que instrumentos devemos inventar e capacitarmo-nos para operar?
- Qual a missão e o papel que desempenha cada um de nós enquanto indivíduo?
- Como fazer com que nosso comportamento e gestos se tornem menos destrutivos?
- Continuaremos a ser uma espécie com as mesmas necessidades vitais, que usa uma mesma carcaça física, mas dotados de outra consciência mais evoluída, transumana ou pós-humana?
- Seremos capazes de deslocar o eixo de nossa percepção de uma visão egocêntrica, sociocêntrica e antropocêntrica para uma visão gaiacêntrica e, mais além, cosmocêntrica?
- Que papel exercem nisso a educação, a consciência e os valores?

- Seremos capazes de evoluir nessa direção, superar as fraquezas da natureza e da consciência humana e tornarmo-nos efetivamente gestores responsáveis da evolução?

O gestor ambiental e da evolução tem à sua disposição um conjunto de ferramentas. Da mesma forma como numa orquestra se organizam os instrumentos de sopro, de percussão e de cordas para tocar uma sinfonia harmônica, também a caixa de ferramentas do gestor ambiental dispõe de instrumentos de ordenamento territorial, de comando e controle, de mercado ou econômicos, instrumentos socioculturais e instrumentos educacionais. É preciso conhecê-los, ter perícia no seu uso, saber usá-los de modo combinado, para ter também um resultado harmônico e equilibrado.

Está fora de nossa capacidade reverter os macroprocessos da evolução biológica, geológica e cósmica. Mas podemos nos adaptar a eles criativamente e inventar formas de convivência inteligentes e pouco destrutivas do meio que nos nutre. Thomas Berry observa que

> Nós nos enganamos sobre o nosso papel se consideramos que nossa missão histórica é "civilizar" ou "domesticar" o planeta, como se o selvagem fosse algo destrutivo e não a modalidade criativa última de qualquer forma de ser terreno. Nós não estamos aqui para controlar. Estamos aqui para tornarmo-nos integrais com a comunidade maior da Terra. (Berry, 1999, p.48)

Para gerir a evolução é útil compreender o contexto em que estamos.

A ação irresponsável e ignorante provoca impactos negativos. A ação certeira e articulada, ecologizada, reduz externalidades e impactos destrutivos. Com perícia para agir, inventam-se e aplicam-se ferramentas de forma seletiva, com os mínimos estragos e danos colaterais. Gerencia-se de forma mais eficaz, com tecnologias e processos mais eficientes. Gerir a evolução supõe planejar estrategicamente, saber compreender as micro e megatransformações e adaptar-se a elas, e não mover-se apenas por objetivos imediatos.

Nunca antes neste planeta assistiu-se a um processo tão intenso de degradação e contaminação ambiental causado por uma única espécie viva; por outro lado, nunca antes neste planeta uma espécie viva teve os meios, a partir de sua consciência, de intervir no curso da evolução.

O ser humano mostrou ser capaz de alcançar resultados assombrosos na ciência. Foi hábil ao colocá-la em prática por meio da tecnologia, das artes e ofícios, usando sua razão e intuição, sua emoção, engenho, criatividade e capacidade de inovação. Cientistas avançam nos limites do pensamento lógico, racional ou intuitivo (*logos* ou *noos*) e da percepção sensorial; já decifraram o código genético e conseguem criar até células vivas, artificialmente. Em cada campo, superam-se limites: atletas testam os limites do corpo; artistas exploram os limites da emoção e da intuição, das sensações e dos sentimentos. Os místicos se elevam aos limites do espírito e da alma. O *Homo sapiens sapiens* evolui biológica e existencialmente, mas de forma mais acelerada no campo de sua consciência.

SALVADOR DO PLANETA?!

> Devemos ter sempre em mente que é arrogância achar que sabemos como salvar a Terra: nosso planeta cuida de si próprio. Tudo o que podemos fazer é tentar nos salvar.
>
> James Lovelock, *Gaia: alerta final*

Conceituadas organizações ambientalistas e órgãos de imprensa, empresas, governos, campanhas de mídia, publicações e autores respeitados têm usado a expressão "salvar o planeta". Uma busca rápida na internet mostra vários exemplos desse uso.

No sentido religioso, salvar é livrar das penas do inferno e obter a salvação eterna. Salvar tem o sentido de livrar de ruína, pôr-se a salvo de algum perigo ou risco iminente. Numa escala restrita e limitada, um médico, um socorrista, um bombeiro ou a Defesa Civil podem salvar vidas em desastres e catástrofes, como terremotos e *tsunamis*, enchentes e deslizamentos de encostas. Numa escala mais ampla, pode ser que o desenvolvimento da ciência e da tecnologia nos torne capazes de desviar corpos celestes em rota de colisão com a terra, evitando megadesastres. Mas esse dia ainda está longe de nós.

Salvar também tem o sentido de preservar o *status quo*, de conservar; manter; preservar, conservar intato; salvar um determinado estilo de vida e um modo de vida que está em risco.

Diz James Lovelock, o criador da Teoria Gaia, referindo-se às mudanças climáticas com as quais nos defrontamos e com o aquecimento que a Terra real não precisa ser salva. Pôde, ainda pode e sempre poderá se salvar, e agora está começando a fazê-lo, mudando para um estado bem menos favorável a nós e outros animais. O que as pessoas querem dizer com o apelo é "salvar o planeta como o conhecemos" e isso agora é impossível.

A vida humana está presente numa fração mínima da história da Terra. O *Homo sapiens* surgiu há apenas 150 mil anos. Há 50 mil anos, sucedeu-o o *Homo sapiens sapiens,* uma espécie que sabe que sabe. A vida humana entrou em cena já no final da Era Cenozoica, a era dos mamíferos, que se iniciou depois da última grande extinção e dura até nossos dias. A Era Mesozoica, quando imperaram os dinossauros, durou entre 245 e cerca de 65 milhões de anos atrás. Terminou devido a uma catástrofe que pode ter sido causada pelo choque de um asteroide com a Terra. Nosso planeta tem mais de quatro bilhões de anos, e nele a vida se desenvolveu há milhões de anos.

O uso da expressão "salvar o planeta" em português pode ser o resultado de tradução malfeita do inglês, língua na qual o verbo *to save* tem o sentido de guardar (nos computadores, salvar um texto ou arquivo é guardá-lo). Em inglês, *to save* pode significar poupar, economizar (*savings* = poupança). Faz sentido poupar os recursos naturais do planeta, evitar seu mau uso ou desperdício. Mas como em português o verbo salvar não é usado com tal significado, a expressão soa inapropriada.

A expressão "salvar o planeta" envolve, portanto, ou uma má tradução ou uma dose de presunção. Em qualquer desses casos, precisa ser evitada.

A comunicação e a expressão corretas de pensamentos e ideias ajudam a promover a compreensão e a construção da consciência ecológica. O cuidado com o significado das palavras e com seu uso apropriado ajuda a promover a necessária ecoalfabetização.

ECOLOGIA, CORRUPÇÃO E ÉTICA

O ser humano integra o mundo natural e compartilha uma base biológica comum com as demais espécies. Guardadas as devidas diferenças entre o mundo natural e o mundo dos humanos, uma abordagem ecológica do tema da corrupção pode iluminar alguns de seus fundamentos biológicos e ajudar a lidar com ela. As relações ecológicas variam da parceria e cooperação ao antagonismo e à competição. Assim, a simbiose e o comensalismo são relações em que os organismos atuam em conjunto para proveito mútuo; são desarmônicas as interações como a antibiose (princípio usado nos antibióticos, que matam ou inibem certos organismos vivos), a predação, o canibalismo, o vampirismo, o esclavagismo, o parasitismo.

Na natureza, um parasita suga um animal ou vegetal e dele tira seu sustento. Em alguns casos, leva o hospedeiro à morte. Os predadores se multiplicam quando há muito do que se alimentar, mas quando escasseia a comida, eles podem, no limite, ser extintos. Os hospedeiros precisam experimentar mutações para ter um organismo geneticamente mais adaptado para sobreviver na guerra com os invasores. Observa o físico e jornalista Flávio de Carvalho Serpa[9] que "sobrevive o mais adaptado. A natureza não distingue entre o bem e o mal. A humanidade é a única que tem a ética e a honestidade como fator seletivo, o que é bom". A ética é constituída pelos princípios que regem os costumes e hábitos e propiciam a arte e os benefícios da convivência.

O parasita social suga a sociedade na qual se hospeda, explora-a e vive à sua custa; beneficia-se dela e a enfraquece quando extrai seus recursos e deles se apropria somente em

---

[9] Em e-mail ao autor em agosto de 2011.

proveito próprio. Dependendo da percepção ou da ideologia de quem os define, já foram apontados como parasitas sociais os indivíduos que vivem à custa alheia, os capitalistas, os burgueses, os senhorios, os que vivem da Previdência Social. Nos governos, alguns veem como parasitas os servidores públicos que não trabalham, que defendem seus interesses e privilégios corporativos acima do interesse público mais amplo. O avanço civilizatório traz maior eficiência no controle dos predadores aproveitadores, que aparecem e se multiplicam quando há oportunidade.

A corrupção pode ser vista como uma forma extrema de parasitismo social, combinado com a predação. Corruptores e corrompidos colaboram entre si como os parasitas/predadores; o hospedeiro/presa do qual se alimentam é a sociedade. O corruptor e o corrompido se apropriam de recursos coletivos. Atuam como sanguessugas, que causam sangria nos cofres públicos. Corruptores e corrompidos são muitas vezes hábeis e tentam se esconder para não serem descobertos; se disfarçam, se camuflam, enganam, dissimulam e aplicam estratagemas e táticas de ação engenhosas e às vezes criativas.

Nas sociedades humanas, entre as condições que facilitam a corrupção, relacionam-se a impunidade e a inexistência de riscos; as debilidades institucionais, tais como o mau funcionamento dos poderes judiciário, legislativo e executivo; o loteamento partidário da administração pública, sem a contrapartida da probidade e competência técnica; o sistema eleitoral corrupto, as oligarquias aproveitadoras, as empresas corruptoras, o hábito da transgressão das regras, normas e leis como atributo de espertos; a autocomplacência individual ou grupal. A falta de proteção policial, de consequência jurídica e a prostração e o conformismo social estimulam o aumento da atividade de parasitas e predadores.

Num quadro mais amplo, Jared Diamond, em seu livro *Armas, Germes e Aço* (2005), dedica um capítulo à análise da evolução do igualitarismo às cleptocracias modernas, que surgiram depois dos bandos, das tribos, dos principados e sultanatos.

Ele constata que as grandes sociedades precisam ser centralizadas, no entanto, a centralização do poder fatalmente abriria as portas para que aqueles que o detêm tomassem decisões importantes e redistribuíssem os bens de modo a explorar oportunidades que resultem em premiações para si e seus parentes.

Em cleptocracias, parasitas se incrustam em nichos do estado, nos quais se locupletam e usufruem de direitos, vantagens e benefícios pessoais.

Há também quem associe a corrupção à era "Kali Yuga", a Idade do Ferro do ciclo hindu. Nessa era, há poluição, gratificação dos sentidos, matança de animais, destruição da natureza, com grupos, quadrilhas, gangues, máfias, empresas, companhias disputando e competindo pela riqueza material coletiva.

Se parasitismo e predação são relações naturais, também são naturais as estratégias de defesa dos organismos contra predadores e parasitas.

Nesse contexto, cabe perguntar:

1. Como descobrir a ocorrência de um processo inicial de parasitismo ou predação social?
2. Em que medida são aplicáveis aos casos de corrupção, no mundo dos humanos, as estratégias dos hospedeiros para sobreviverem a parasitas e das presas para escaparem de seus predadores?
3. Como dificultar a vida dos parasitas e predadores? Como facilitar a vida dos hospedeiros/presas?
4. É possível prevenir ou combater a corrupção com a aplicação de princípios e de estratégias de sobrevivência ecológicos?

Se o predador e o parasita desenvolvem formas astuciosas de agir, também as presas e os hospedeiros concebem maneiras criativas de se livrar dos ataques e se proteger. A evolução civilizatória dificulta a sobrevivência dos aproveitadores. Para se prevenir a corrupção é eficaz desenvolver a consciência coletiva sobre as consequências e os ônus de uma relação corrupta. Transparência e informação clara e circulante à luz do dia ajudam na prevenção de relações de parasitismo ou de predação social.

A possibilidade de se estruturar uma sociedade menos corrupta depende de ações de fortalecimento social (o hospedeiro/presa) e de enfraquecimento dos corruptores e corrompidos (os parasitas/predadores):

1. Ações e atitudes do hospedeiro/presa: estar vigilante e atento; ter imaginação, sagacidade, astúcia (um exemplo para tentar neutralizar ataques cibernéticos é a contratação de *hackers* por serviços de inteligência); ter vontade e coragem para enfrentar resistências; detectar preventivamente e corrigir situações de corrupção conhecidas; manter informação livre (imprensa); conceber e colocar em prática estratégias – sociais, políticas, culturais – para escapar do parasita; exercitar a indignação consequente; adotar controle social externo e interno com hierarquias claras, gestão participativa e transparente, critérios de avaliação; reduzir a autocomplacência; reduzir, por meio de gestão bem feita, as frestas por onde se infiltram oportunistas e parasitas; fortalecer a defesa imunológica contra vírus e espécies invasoras; manter sistemas eficazes de fiscalização e auditoria, internos e externos, com padrão ético; criar fatores de repulsão aos ataques dos parasitas, como, por exemplo, na natureza, o mau cheiro; por meio de tolerância zero, aplicar ao corpo do hospedeiro repelentes que afugentem os potenciais parasitas; fortalecer as defesas imunológicas do hospedeiro.

2. No parasita/predador: descobrir os liames e romper o conluio e a cooperação entre corruptores e corruptos; adotar a delação premiada, que funciona como um antibiótico ao romper a relação simbiótica corruptor-corrompido; promover a cizânia entre corruptos, com tratamento igual para todos os que forem descobertos; encontrar e fortalecer os predadores dos corruptos; fazer limpeza e saneamento, punir e demitir servidores corrompidos, sabendo que não basta extirpar porque o parasita retorna quando se mantêm as condições ambientais favoráveis; eliminar as condições para que voltem, melhorando controles administrativos e implantando processos com transparência; evitar que novos parasitas venham a ocupar o nicho institucional dos anteriores; esclarecer e desativar mecanismos de louvação e elogio da esperteza corrupta e a simpatia para com as ilegalidades; quando descoberto o parasitismo da corrupção, aplicar punição exemplar; reduzir suas fontes de alimentos: bloquear contas bancárias, obrigar ao ressarcimento dos recursos públicos, punir os aproveitadores corruptores.

HOMO OECOLOGICUS

> Hoje, precisamos da capacidade de projetar uma nova visão de nós mesmos em relação à nossa presença nessa Terra. Em nossa Era Moderna, inventamos instrumentos e dispositivos que nos levam a um desastre no contexto terrestre. Neste momento, nossa esperança gira em torno da capacidade que temos de evocar nossa inventividade e criatividade para forjar uma presença mutuamente proveitosa em termos de uma relação integral humanidade/Terra.
>
> O'Sullivan, *Aprendizagem transformadora: uma visão educacional para o século XXI*

Se o ser humano é um ser em transição sujeito a uma mutação de consciência, cultural e de comportamento, como propõe Sri Aurobindo, ele transita em direção a quê?

Qual será a modalidade de ser que o sucederá?

Como podemos definir as principais características desse ser emergente que dá seus primeiros passos?

As respostas a serem dadas e as transformações e adaptações necessárias na atual crise múltipla não podem mais ser as mesmas que eram dadas em momentos anteriores da história, quando os limites da capacidade de suporte do planeta ainda não eram testados. As respostas precisam ir além para serem efetivas. Para dar resposta a essa situação, não bastam superficiais mudanças econômicas, políticas e sociais. A expansão da consciência ecológica e da necessidade da ação comum para cuidar do ar, da água, dos solos e de tudo o que sustenta a vida, fortalece o movimento pela unificação política da espécie. Quando a humanidade se dá conta que o autointeresse equivale ao interesse planetário, as guerras podem vir a se tornar psicologicamente impossíveis, formas pueris de resolução de conflitos de uma espécie que amadurece.

Em 1993, Duane Elgin publicou *A dinâmica da evolução humana*, em que faz uma projeção inspiradora. Ele visualiza uma era de solidariedade global:

> A compaixão social torna-se a base prática para a organização de uma civilização em escala planetária. Graças ao profundo senso de solidariedade e dedicação, a humanidade se esforça para construir um futuro sustentável fundado no desenvolvimento coletivo. Há grande empenho em restaurar o ambiente global. (Elgin, 1993, p. 207).

Na visão de Peter Russell, as crises que a humanidade enfrenta "são todas sintomas de uma crise psicológica muito mais profunda":

> Se quisermos lidar com a origem das crises com que agora nos defrontamos, precisamos despertar de nosso transe e recuperar um contato mais consciente com nossa própria sabedoria interior. Precisamos do equivalente cultural à desipnose. (Russell, 2006, p. 137-138)

A velocidade das transformações exige atenção redobrada para poder compreender os riscos e ameaças e compor-

tar-se de forma a evitá-los ou a lidar com suas consequências econômicas, políticas e sociais. A questão da segurança ecológica e climática torna-se estratégica nesse contexto.
Completa Thomas Berry que para lidar com as questões fundamentais, se deve:

> despertar a energia psíquica necessária para desmantelar nossas atuais estruturas destrutivas tecnológico-industriais-comerciais e criar um modo mais benigno de sobrevivência econômica para toda a comunidade da Terra. (Berry, 1999, p.7)

Diz Thomas Berry que "precisamos reinventar o humano no nível da espécie porque os temas com que estamos envolvidos parecem estar além da competência de nossas tradições culturais atuais, individual ou coletivamente" (Berry, 1999, p. 160).

Uma das possibilidades de evolução é o surgimento do *Homo œcologicus*, que pode estar em gestação à medida que evolui a consciência ecológica. A percepção desse aspecto de nossa espécie se encontra presente na internet, onde há mais de três mil menções ao *Homo œcologicus*.

As atitudes e ações do *Homo œcologicus* derivam de sua consciência ecológica. O *Homo œcologicus* reconhece sua codependência com a natureza, tem propensão a desenvolver uma consciência planetária, cósmica, universal; cultiva um respeito fundamental pela Mãe Terra. O *Homo œcologicus*, ainda uma potencialidade, precisará superar-se, com coragem para enfrentar conflitos de interesses; cultivar a autoconfiança em sua capacidade de responder aos problemas; ter a honestidade em encarar a verdade e reconhecer seus erros; exercitar a compaixão e a solidariedade para com os demais seres e suas fraquezas. Precisará ter lucidez e sabedoria para compreender as questões e discernimento para tomar decisões, ter paciência e tenacidade para perseverar no caminho correto. Precisará exercitar sua capacidade de atenção e de concentração, sem perder a visão holística, universal e integral.

ECOLOGIA DO SER

No período da história da Terra em que ocorrem a sexta grande extinção e as mudanças climáticas, o ser humano é o grande causador dessas transformações. Conhecê-lo a partir da abordagem ecológica é essencial para compreender quem está transformando o planeta.

Nosso ser envolve aspectos corporais (matéria), sentimentos e emoções (energia da vida) e a mente (a energia dos pensamentos, a ecologia mental, da consciência, cognitiva). Nós nos nutrimos ou desnutrimos com a energia do alimento físico, e também com a energia envolvida nas emoções, nos pensamentos e nos sentimentos. O conteúdo e o modo como nos alimentamos pode fortalecer ou enfraquecer nosso corpo e a nossa mente. Esse alimento condiciona e influencia o modo como nos comportamos no mundo, nossas atitudes, valores, interesses, desejos, motivações. A ecologia do ser demanda responder a algumas questões: Como alimento o corpo? Que sentimentos e emoções nutro e cultivo? Que pensamentos valorizo? Como alimento a mente? Como seleciono os conhecimentos e canais que abastecem a mente com informação? Como transformo em ação meus pensamentos, emoções e sentimentos?

A ecologia do ser é um enfoque que vai além da abordagem socioambiental dominante e que está centrada na biosfera e na sociosfera. Ela tem alguns precursores, no campo da ecosofia, da ecologia profunda, da ecologia transpessoal.[10] Envolve o aspecto físico (a matéria, a geosfera, a hidrosfera, a pirosfera, etc.) e o biológico (a vida, a biosfera) ou social (as populações e as sociedades). Ela abrange o ser individual com sua informação e consciência (a noosfera, a mentesfera, a infosfera, a pensamentosfera, a sentimentosfera).

---

[10] Proposta pelo filósofo norueguês Arne Ness, a ecologia profunda compreende uma filosofia de vida aplicável ao desenvolvimento pessoal e que não separa o homem do ambiente. Em *As três ecologias*, Félix Guattari dizia que "para que possamos promover as verdadeiras condições da vida humana, é necessário tratar de modo articulado, por meio da Ecosofia, e de forma ética, política e estética, três diferentes tipos de ambientes: o meio-ambiente propriamente dito (a ecologia ambiental), as relações sociais (a ecologia social) e a subjetividade humana (a ecologia mental)." A Ecologia transpessoal analisa as ideias-chave envolvidas na ecologia profunda. Warwick Fox é o seu principal autor e discute a visão de mundo da ecologia profunda no contexto do ambientalismo, da ecofilosofia e do antropocentrismo, com seus significados e limitações.

CORPO E ECOLOGIA DO SER

O corpo do organismo vivo é, ele próprio, um ecossistema, com seus microrganismos, tecidos, órgãos e os sistemas, que o alimentam e processam a água, a energia, os alimentos, a informação. Somos parte da biodiversidade e nossos corpos são feitos dos elementos químicos da natureza. Quando a energia da vida se vai, a matéria do corpo se reintegra aos ecossistemas da Terra que o nutriram.

Na perspectiva ecológica, o corpo humano é um ecossistema que se relaciona com os demais corpos e com o ambiente em que vive. Temos dentro do corpo um sistema circulatório análogo à rede fluvial; a flora intestinal é como as florestas internas de corais; a combustão da digestão é o efeito estufa interno. O corpo humano é o ambiente onde vivem micróbios, vírus, bactérias, germes, além de parasitas, lombrigas, vermes, fungos, amebas, que mantêm com ele relações ecológicas harmônicas ou desarmônicas.

O corpo necessita alimentar-se, tem necessidade de abrigo e de se proteger contra as intempéries; apresenta necessidades fisiológicas de respiração, comida, água, sexo, sono, excreção. Tais necessidades são saciadas com a roupa, o abrigo, os cuidados médicos preventivos e curativos, escolas, transportes, etc.

Da primeira inspiração ao último suspiro, o corpo interage com a atmosfera. A respiração é a atividade vital por excelência e por meio da consciência da respiração focaliza-se a atenção no agora. Respirar não é apenas um ato natural. A respiração consciente, os vários modos e formas de respirar, o aprender a respirar corretamente transformam esse ato elementar e vital num ato cultural. Respiração é cultura.

O corpo tem sede: necessita de 2,5 ℓ de água por dia. Os corpos vivos contêm água, encontrada na seiva dos vegetais, nos humores dos corpos animais e humanos. O feto e a criança têm grande quantidade de água; quase 70% do peso de um corpo humano adulto é água, parte da hidrosfera, e o restante são os micróbios que nele habitam, além de minerais, partes da bio, da lito e da geosfera.

O corpo tem fome e interage com a biosfera, a hidrosfera e a geosfera ao se abastecer com alimentos. Gandhi dizia que há muito de verdade no dito de que o homem se torna aquilo que come. Quanto mais grosseiro o alimento tanto mais grosseiro o corpo.

Cristo identificou o corpo com o alimento ao repartir o pão: "Tomai e comei, esse é o meu corpo". "Nós somos o ambiente e o ambiente somos nós", sintetizou Jiddhu Krishnamurti (Krishnamurti, 1991 *apud* Christofidis, 2002, p. 25).

As atividades cotidianas influenciam a forma de gerir o corpo. Variam o consumo de alimentos para nutri-lo e as dietas: enquanto um jóquei deve comer o mínimo para controlar seu peso e não sobrecarregar o cavalo, um lançador de discos precisa comer muito para ter força para arremessá-lo. O sobrepeso e a obesidade resultam de uma ingestão de alimentos maior do que a necessidade do corpo, que precisa então se exercitar para queimar o excesso ingerido. Há, então, um duplo desperdício de energia: ao ingerir alimentos a mais e ao exercitar-se para livrar-se do excesso de gordura. A propaganda de alimentos infantis influencia a mente das crianças e exerce pressão sobre os pais. Dietas alimentares inadequadas levam ao aumento da obesidade em geral e, em particular, à infantil.

No ciclo da vida, o corpo se transforma da concepção ao nascimento, do nascimento à infância, da juventude à fase adulta e até a velhice. Recém-nascidos são mais vulneráveis a variações no meio ambiente que os adultos. Na criança, há desenvolvimento da massa corporal; ocorrem grandes transformações na puberdade. Os corpos dos adultos e dos idosos têm menor percentual de água em seus órgãos. Na velhice, há redução de resistência física, perda da capacidade de percepção, um apagamento dos sentidos: surdez, cegueira, perda de sensibilidade tátil e gustativa. Nessa idade, é preciso tomar maiores cuidados com a manutenção do corpo e com a saúde física.

Os sentidos estão entre os caminhos para se expandir a consciência ecológica. Quando agredidos, despertam reações, movimentos sociais ou coletivos para que se controle a fonte da agressão. Várias lutas do ativismo ecológico foram deflagradas a partir de sinais captados pelos sentidos como, por exemplo, o ar esfumaçado e poluído; um barulho incômodo; um esgoto ou depósito de lixo malcheiroso. Em nossa sociedade, a visão é o sentido mais valorizado: a harmonia da paisagem acalma e melhora a qualidade de vida, enquanto a poluição visual agride e estressa. Por meio do olfato sentimos os aromas agradáveis das flores e os odores nauseantes do esgoto, do lixo, dos efluentes industriais. A audição se deleita com a música e a poluição sonora prejudica a saúde mental. O tato nos faz sentir na pele a experiência do calor e do frio, que podem ser agradáveis ou produzir desconforto térmico. O arquiteto, ao projetar com vistas ao conforto ambiental, proporciona relação confortável com o calor e o frio, com a luminosidade, com o nível de barulho. A roupa, a segunda pele, agasalha o corpo do frio e o mantém ventilado e protegido no calor.

Mas nossos sentidos são limitados e não percebem grandes faixas do espectro eletromagnético e tampouco a radioatividade. No espectro da luz e do som, percebemos as faixas de onda do vermelho ao violeta. Tudo o que é infravermelho ou ultravioleta demanda o uso de instrumentos para ser percebido. Essa limitação dos sentidos nos expõe a riscos tais como, por exemplo, a exposição à radioatividade no acidente com o césio em Goiânia. Os problemas climáticos que ameaçam a vida humana no planeta também são conhecidos a partir de instrumentos tecnológicos e do cálculo científico.

Por meio de sua sensibilidade, o organismo vivo percebe as modificações do meio e reage a elas, adaptando-se e protegendo-se. Assim, por exemplo, nas regiões altas dos Andes e dos Himalaias, onde o ar é rarefeito, o corpo se adapta e a capacidade torácica dos que ali habitam se expande. O corpo mantém fluxos de entrada e saída com o ambiente externo, no qual lança seus dejetos, fezes e urina, suor, lágrimas e outros humores: para os esquimós que vivem no extremo frio, chorar ao ar livre é um perigo, pois as lágrimas podem se congelar. Já as estratégias de sobrevivência dos tuaregues na aridez do deserto exigem se manterem quietos, sem movimentos, para conservar a água no corpo.

A astrologia, entre outros ramos do saber, estuda a influência da cosmosfera sobre o corpo, bem como as da magnetosfera e das ondas que vêm de outros corpos celestes, como o Sol. A Lua interfere no corpo, o que é especialmente perceptível nos ciclos menstruais das mulheres e nos efeitos de atração da lua cheia sobre a água das marés e sobre a água contida nos corpos vivos.

A qualidade da água que bebemos, do ar que respiramos, dos alimentos que ingerimos, afeta o ambiente interno dos órgãos digestivos ou do aparelho respiratório. O meio ambiente está dentro de nossos corpos, e a saúde ambiental influencia a nossa saúde física, sensorial, emocional e mental. A saúde do corpo depende da saúde ambiental. A poluição externa da água dos rios corresponde à poluição que corre no sangue de nosso sistema circulatório. A agressão ao ambiente externo agride os sentidos e prejudica a qualidade da vida. A morte reintegra seus elementos na natureza. Durante algum tempo, um corpo inanimado alimenta as bactérias que o decompõem e que realizam seu trabalho de reintegrá-lo ao corpo do planeta, devolvendo ao ecossistema a água e os minerais que o constituíram. O corpo individual se dissolve no coletivo da Terra, onde estão as matérias dos organismos mortos.

No contexto da atual crise climática e ecológica, ocorrem mudanças aceleradas no ambiente externo. Tais transformações demandam capacidade de adaptação dos corpos humanos, animais ou vegetais. Há riscos crescentes à segurança no ambiente externo, derivados das mudanças climáticas, de transformações ambientais, da grande quantidade de elementos químicos tóxicos. Assim, o corpo deve se proteger contra os novos riscos ambientais de contrair doenças, tais como o câncer de pele devido ao buraco na camada de ozônio; ou o câncer devido a poluições de vários tipos e a vibrações eletromagnéticas; ou evitar a ingestão de antibióticos que enfraqueçam suas defesas imunológicas. Organismos incapazes de se adaptar às aceleradas transformações ambientais tendem à extinção. Ser capaz de adaptar-se a elas é um dos desafios a serem enfrentados por nosso corpo e por seus sistemas de abastecimento, na atual etapa da evolução.

Num hospital presenciam-se a todo tempo evidências da fragilidade, vulnerabilidade, complexidade do corpo humano e da engenhosidade da medicina para lidar com essa complexidade, com o uso do conhecimento técnico e científico. O organismo se compõe de células, órgãos e sistemas, todos integrados e interconectados. Há relações entre os ossos, os nervos, os músculos e os órgãos, sujeitos a tensões e relaxamentos.

O corpo, ao longo de sua história, está sujeito a deformar-se como resultado de adaptação a normoses, a posturas inadequadas. Para reequilibrar-se, precisa de exercícios de condicionamento muscular e físico.

Antigos sistemas de conhecimento do corpo, tais como os mapas chineses de reflexologia do pé e da mão, identificavam as relações entre terminais nervosos e os meridianos por onde corre a energia, conhecimentos esses usados na acupuntura e no do-in. Sistemas ocidentais modernos, como o da RPG (Reeducação Postural Global) reconhecem conexões similares, por meio de cadeias musculares.

Abordagem antropológica

A linguagem do corpo foi estudada por Pierre Weil em *O Corpo Fala* (2009). O corpo emite e recebe sinais por meio da comunicação não verbal, de expressões faciais ou corporais, especialmente das mãos, rostos e olhos, traços e semblantes, de odores. A comunicação pelas mãos é usada pelos surdos-mudos, e também nas artes e nas tradições espirituais.

O corpo pode estar agitado ou calmo, imóvel ou móvel, com o semblante sério ou risonho, alegre ou triste. Pode transmitir beleza, verdade, bondade. A inteligência interpessoal exige sensibilidade para compreender o significado de expressões faciais e de gestos.

Um amigo indiano notou o gingado do corpo como uma expressão de alegria e que o brasileiro se sente à vontade com o seu corpo de um modo diferente de outros povos. Para ele, os brasileiros dançam seu caminho em passos sutis com um balanço das cadeiras, o que talvez seja uma resposta inconsciente ou subconsciente à musica da vida. Postura, relaxamento de tensões, couraça, ginga, jogo de cintura, rigidez, plasticidade, dança – há componentes culturais nos movimentos do corpo. Gestos e toques são hábitos culturais codificados, tais como os cumprimentos e os abraços.

A verdade do corpo se expressa em posturas, tiques, sestros, modos, nas distâncias que mantêm uns com os outros. Na prossêmica estuda-se a comunicação verbal e não verbal, os espaços íntimos, pessoais, sociais ou públicos e as respectivas distâncias físicas entre os corpos. A prossêmica trabalha com a territorialidade e a invasão de território pela intimidade, ou proximidade corporal, é fator de conforto ou de desconforto psicológico ou afetivo na intimidade com outros. Tais espaços variam de cultura para cultura, entre aqueles que são polígamos ou monógamos.

O corpo expressa repressão cultural e social ou liberdade. A liberdade de dispor à vontade do próprio corpo é um valor cultural e seu compartilhamento em maior ou menor grau de intimidade com outros corpos é balizado por regras socioculturais que expressam relações de poder. Ditaduras e tradições opressivas procuram controlá-lo, reprimi-lo, proibir e interditar, definir o que é pecado ou não. A antropóloga Margaret Mead mostrou que isso não acontece em sistemas tribais e orientais. Uma visão da ética centrada no corpo é explicitada por Umberto Eco:

> É possível constituir uma ética sobre o respeito pelas atividades do corpo: comer, beber, urinar, defecar, dormir, fazer amor, falar, ouvir, etc. Impedir alguém de se deitar à noite ou obrigá-lo a viver com a cabeça abaixada é uma forma intolerável de tortura. Impedir as outras pessoas de se movimentarem ou de falarem é igualmente intolerável. O estupro não respeita o corpo do outro. Todas as formas de racismo e de exclusão constituem, em última análise, maneiras de se negar o corpo do outro. Poderíamos fazer uma releitura de toda a história da ética sob o ângulo dos direitos dos corpos, e das relações de nosso corpo com o mundo. (Eco, 1994, p. 7)

Os antropólogos estudam os rituais religiosos e os ritos de passagem que atuam sobre ele. Os sacerdotes e teólogos abordam-no sob o ponto de vista das tradições religiosas. Nas religiões o corpo é submetido a rituais, a sacrifícios. Na Índia, faquires o submetem a testes extremos. Há a circuncisão dos judeus, o batismo cristão, a mutilação genital feminina entre linhagens de muçulmanos, a proteção dos corpos femininos contra o olhar por meio de burcas e roupas que o cobrem quase completamente. Os rituais de passagem na puberdade em comunidades indígenas e as imersões e banhos nos rios sagrados dos hindus são alguns dos usos simbólicos do corpo. O sexo sagrado é parte de algumas tradições, como o tantrismo hindu; o *Kama Sutra* é um tratado de conhecimento e classificação de posições relativas de corpos. Outras religiões o associam ao pecado. A identificação do ser com o corpo é questionada por tradições espirituais para as quais o corpo é um veículo, traje ou roupa onde habita o ser.

Essa identificação e a valorização das aparências estéticas estão na raiz das demandas por cirurgias plásticas e intervenções sobre o corpo para ajustá-lo aos padrões de beleza culturalmente aceitos. O corpo é um capital social de que as pessoas dispõem para serem aceitas no mercado de trabalho ou nas relações interpessoais. A beleza física é um diferencial que facilita a vida de quem dela dispõe, por seu poder de atração ou de sedução. Numa cultura e sociedade que valoriza as aparências, a imagem, o marketing pessoal, as pessoas se submetem com frequência a intervenções no próprio corpo para se adequarem aos padrões culturais e sociais, para serem mais aceitas socialmente e aumentarem sua autoestima. Em culturas nas quais a concepção do ser extrapola o corpo e as aparências físicas, tais atributos são menos relevantes.

O CÉREBRO

> Se soubermos usar sabiamente o potencial intelectual que Gaia nos propiciou, assim como a fabulosa tecnologia que daí surgiu, poderemos até mesmo assumir o controle consciente de Gaia. Sistema nervoso autônomo, Gaia já tem, seríamos a massa cinzenta no cérebro de Gaia.
> José Lutzenberger, *Gaia*

O sistema nervoso e o cérebro são instrumentos de que nosso corpo dispõe para captar e traduzir a consciência do universo. Isso é feito a partir dos estímulos dos sentidos, da introspecção e da capacidade de autorreflexão e autoconhecimento.

O cérebro é o *hardware* físico no qual se processam as operações da mente de acordo com os programas mentais, o *software* imaterial.

Em cada estado de consciência em que se encontra o organismo no qual está inserido, o cérebro opera segundo uma qualidade das ondas cerebrais: com ondas alfa (8-13 Hz) na hipnose, contemplação ou meditação, ondas beta (13-30 Hz) no estado de vigília, ondas delta (1-4 Hz) no sono profundo, ondas teta (4 a 7 Hz) no sonho. (O hertz é o numero de oscilações por segundo e mede a frequência de onda).

A capacidade cerebral que possibilita processar conhecimentos evoluiu anatomica e biologicamente.

EVOLUÇÃO HISTÓRICA DA CAPACIDADE CEREBRAL		
Época	Estágio Humano	Capacidade Cerebral
30 milhões de anos	Proconsul	150 cm^3
2,6 mi	*Homo habilis*	700 cm^3
1,5 mi	*Homo erectus*	1.000 cm^3
120 mil-40 mil	*Homo sapiens arcaico* – Neandertal	1.500 cm^3
40.000-12.000	Paleolítico – homem moderno médio	1.350 cm^3

Há, hoje, muitos avanços nas pesquisas sobre o cérebro e o sistema nervoso. Assim como a luneta de Galileu permitiu evoluir de visão heliocêntrica para geocêntrica, novos instrumentos de exame do cérebro e pesquisas sobre o sistema nervoso propiciam novos modos de conceber a consciência.

Experiências e estudos sobre a neuroplasticidade mostram que as atividades moldam o cérebro, que é dinâmico e evolui, adapta-se a necessidades vitais e se ajusta para atender a prioridades da vida individual. As áreas responsáveis pelas atividades mais solicitadas em função da vida de cada indivíduo, de sua profissão, interesses, etc.; aumentam e se adaptam para desempenhá-las.

O cérebro tem dois hemisférios: o esquerdo é responsável pelo pensamento lógico, ideias objetivas, fatos, palavras, racionalidade, voltado para o presente e o passado, a experiência, a familiaridade com situações padrão, as rotinas, o "piloto automático" que usa tarefas aprendidas; e o hemisfério direito, intuitivo, imaginativo, subjetivo, que aprende e percebe o todo, está voltado para o futuro. Na atual época tecnocientífica, o *Homo sapiens* tem usado intensamente o hemisfério esquerdo do cérebro, aquele do pensamento lógico e da experiência acumulada. O lado direito do cérebro, aquele do pensamento intuitivo e da aprendizagem criativa, é exercitado por meio de exercícios cognitivos e físicos, das artes, do humor e das imagens. Exercitar ambos os hemisférios é essencial para uma consciência holística, que perceba o todo e as partes e também para criar novas possibilidades de evolução para o futuro.

Al Gore (2009) localiza no cérebro as dificuldades associadas à mudança de pensamento e à transformação humana, que precisam ser superadas para lidar com as crises como a da biodiversidade e a das mudanças climáticas. Em primeiro lugar, nosso cérebro foi programado para processar perigos como os que nossos antepassados precisaram enfrentar em sua luta pela sobrevivência. Entretanto, tais crises não acionam as defesas emocionais que outros riscos despertam: são muito abstratas, exigem muito conhecimento para serem percebidas como ameaças, são grandes demais e seu impacto parece remoto. Em segundo lugar, nossos cérebros estão estressados pela *overdose* de estímulos bombardeada pela propaganda, conduzida a partir da neurociência pelos marqueteiros e publicitários. Estresse, ansiedade e preocupação dificultam que se focalize a mente no longo prazo e fazem com que se priorize o imediato, como ocorre com quem precisa lutar para sobreviver no dia a dia.

Peter Russell (2006) escreveu sobre o cérebro global, constituído pelo conjunto dos cérebros individuais e que hoje interage por meio das modernas tecnologias da comunicação. A Teoria de Gaia, proposta por James Lovelock e Lynn Margulis, considera o próprio planeta Terra como um ser vivo, com um sistema que se autorregula.

Nessa visão, os animais e os vegetais são o sistema nervoso autônomo de Gaia e o ser humano individual corresponde a um neurônio. Nossas interações, nossa linguagem e comunicação seriam sinapses, relações entre os neurônios. Se estendermos essa concepção para a escala cósmica, Gaia inteira pode ser um neurônio de um grande cérebro universal que se pensa a si mesmo, evolui e se desenvolve e cujo *hardware* é composto pela matéria dos sistemas solares, galáxias e do universo.

CORPO E AMBIENTE CONSTRUÍDO

Historicamente, na evolução, os corpos dos seres vivos se adaptaram às condições ambientais e foram extintos aqueles que não se adaptaram. Nessa etapa da história em que mais de 50% da humanidade vive em cidades, o corpo humano se relaciona crescentemente com o ambiente construído e cultural, com os produtos da ciência e da tecnologia: com a tecnosfera.

Gastamos parte do tempo diante de máquinas, especialmente aquelas voltadas para a informação e a comunicação: computadores com correio eletrônico, telefones celulares, televisão. Nesta era conceitual, do conhecimento e da informação, o relacionamento com máquinas que nos provêm esses serviços consome parte razoável da vida cotidiana. Isso ocorre às vezes em detrimento de relacionamentos com outros seres humanos, os quais têm componentes sentimentais, emocionais e afetivos, que exigem maior atenção e que estão menos presentes na relação com máquinas. Outras vezes esse relacionamento via máquinas aproxima pessoas queridas, mas que estão fisicamente longe: Skype, *e-mail*, telefone celular, Facebook são algumas das ferramentas que contribuem para isso.

Essas máquinas são extensões dos órgãos dos sentidos e estendem o alcance da percepção sensorial e da consciência. O telescópio e o microscópio estendem a visão, o rádio estende a audição, o computador estende as possibilidades do cérebro, os veículos estendem a capacidade de locomoção das pernas, os robôs são braços mecânicos mais fortes e potentes, os eletrodomésticos poupam energia e trabalho, o relógio de pulso sinaliza as atividades e seu ritmo cotidiano.

Com os avanços médicos, circulam no sangue materiais ingeridos em remédios e em alimentos (hormônios, antibióticos, produtos químicos) transgênicos, produzidos pela indústria agroalimentar e farmacêutica, que colocam dentro do corpo tais elementos estranhos. Nanorrobôs executam cirurgias com o mínimo de procedimentos invasivos. Próteses ou substitutos artificiais de uma parte do corpo perdida num acidente, numa guerra ou retirada intencionalmente por estar com defeito são adaptados ao corpo natural: elas variam de obturações dentárias a marca-passos no coração; próteses para braços, pernas de mutilados por acidentes ou tiros; telas para corrigir hérnias; aparelho auricular. Além dessas, há as próteses aditivas, que acrescentam nova parte ao corpo, com finalidades estéticas, tais como o silicone nos seios, ou para ampliarem as habilidades naturais, tais como as próteses neurais, memórias auxiliares que complementam um limite natural do corpo.

A implantação de *chips* é testada em ratos e amplia sua capacidade cerebral, já que o cérebro é limitado pela quantidade de energia e oxigênio que recebe, e tais *chips* podem ter fontes suplementares de energia. Robôs e computadores comandados por ondas cerebrais começam a suprir necessidades de mobilidade para deficientes. Lesões que causam imobilidades podem ser corrigidas com células-tronco que reabilitam pessoas com deficiências. Frequências sonoras podem ser aplicadas para curar e ondas eletromagnéticas podem ser cancerígenas. Tornam-se mais frequentes os transplantes de córneas, coração, fígado, rins, a doação de sangue de um corpo para outro, mudanças de sexo. Como subproduto de tais práticas, há o comércio de órgãos.

Trajes robóticos permitem carregar mochilas pesadas com pouco esforço, com uso intenso nas guerras. A clonagem, androides e máquinas que atendem a comandos do cérebro, seres híbridos homem-máquina, já não são ficção científica. Homens biônicos – parte naturais, parte construídos – tornam-se reais. No filme *Avatar*, exoesqueletos, robôs externos ao corpo e por ele comandados, aumentavam a força física, a capacidade de pular, de levantar pesos.

Ainda são ficção o teletransporte, a materialização e desmaterialização, a desintegração de matéria, a transformação de matéria em energia e força cósmica.

O corpo humano com próteses e implantes é composto por partes naturais e outras construídas. Cada vez mais o ser humano e os objetos interagem e tornam-se cruciais as relações do corpo com objetos externos e com o *design*, a ergonomia e a ecologia industrial. Desenham-se e produzem-se objetos aos quais ele se adapta: automóveis, bicicletas, computadores. A interação do corpo com tais objetos pode gerar deformações ou doenças. O ambiente em hospitais desenvolve cepas de vírus resistentes a antibióticos. A lesão por esforços repetitivos é doença que decorre de interação deformadora com o ambiente do trabalho.

Estudos ergonômicos projetam a adaptação ao corpo do ambiente construído e do mobiliário, especialmente em ambientes compactos, tais como as cápsulas espaciais, os barcos e os submarinos. O corpo se adapta ao ambiente construído e este, por sua vez, é concebido e projetado ergonomicamente para se adaptar ao corpo humano. Os avanços na medicina fazem uso amplo das tecnologias e da computação, que permitem, sem procedimentos invasivos, conhecer e retratar com fidelidade os aspectos do corpo e facilitar assim as intervenções necessárias, com menores riscos.

Nesta etapa da evolução, as transformações aceleradas no ambiente construído e tecnologizado demandam do corpo humano novas capacidades de adaptação e, ao mesmo tempo, podem ampliar suas habilidades e potencialidades.

IMPACTOS ECOLÓGICOS DOS PENSAMENTOS E DAS EMOÇÕES

> Eu sou um espírito que mora provisoriamente neste corpo.
> Um corpo cansado, gordo, pesado, com a vista enfraquecida e coberta por uma névoa cada vez mais espessa.
> Pierre Weil, *O Corpo Fala*

A atividade humana é movida por um conjunto variado de emoções, desejos, crenças, valores, razões, sentimentos, pela consciência e por forças inconscientes. Jogar luz sobre esses aspectos da ecologia do ser, da ecologia pessoal, dos campos subjetivos é um bom caminho para ajudar a entender a dinâmica atual da evolução e nosso papel nela, como população de uma espécie que já tem mais de 7 bilhões de indivíduos.

Há múltiplas interações entre o corpo, a mente, as emoções e o espírito. O psicólogo Pierre Weil considerava que a função do corpo é transformar a energia da matéria em espírito.

Posturas corporais e exercícios no ioga atuam sobre o corpo e alteram o estado de consciência: com a alteração do ritmo e da intensidade da respiração, altera-se a oxigenação do cérebro e há efeitos sobre as ondas cerebrais e o estado de consciência. Exercícios físicos afetam a mente e as emoções.

Corpo e emoções também se relacionam. Assim, por exemplo, uma baixa imunológica e maior vulnerabilidade a doenças podem ocorrer devido à depressão, tristeza, baixa autoestima e autoconfiança.

As unidades de terapia intensiva – UTIs – em hospitais recomendam aos visitantes manter a calma e a tranquilidade; que evitem manifestar suas emoções e sentimentos de forma contundente para não emocionar o paciente e interferir na evolução do tratamento. Também se recomenda não trazer crianças, pois elas prejudicam na recuperação dos pacientes.

A recuperação física, corporal, depende do equilíbrio emocional e de condições de *serenidade* × *agitação*, *paciência* × *impaciência*, *tranquilidade e harmonia* × *desarmonia e intranquilidade*; *lentidão* × *pressa*.

Incômodos físicos têm repercussão emocional e mental e também o inverso, por meio da somatização das tensões emocionais e mentais. Uma tensão emocional pode se traduzir em tensão física, contratura muscular ou nervosa que se expressa por meio de dor física, que leva a desvios e deformações adaptativas.

O corpo fala e não mente. Ele geralmente fala a verdade, ainda que mental e emocionalmente, embora em processos de autoengano, não o admitamos.

Pierre Weil (1987) apontou que estresse, doença e sofrimento do corpo resultam do apego ao que dá prazer e que o medo da perda provoca emoções, como o ciúme, o orgulho, a inveja e a raiva. Grande parte das cirurgias plásticas é motivada pela tentativa de mudar a autoimagem para ajustar-se a padrões culturais e socialmente aceitos, e não apenas por motivações físicas e de saúde. Nesses casos, as operações plásticas curam a psique, operam a mente e não o corpo e atuam sobre a superfície do corpo e sobre as aparências físicas com as quais aquele ser se identifica, tendo a ilusão ou a sensação de que a mudança física altera o ser, quando na realidade mantém a sua essência inalterada.

A dor física altera emoções (provoca tristeza, irritação, incômodo, desconforto, sofrimentos) e interfere na mente e nos pensamentos, levados a se focalizar no corpo e em suas dores. Por sua vez, a dor física pode resultar de tensões emocionais, preocupações, estresse, somatizados no corpo, bem como de pensamentos negativos processados na mente. A saúde física é afetada por pensamentos, emoções e sentimentos, numa interação mútua entre essas várias dimensões do ser. A dor física pode ser sintoma de um problema a ser enfrentado no campo mental ou emocional. Enfrentá-la por meio de remédios e drogas químicas pode ser um bálsamo que a alivia, mas que não atinge as causas de onde se origina, que podem estar no campo emocional ou mental.

A mente caracteriza organismos vivos, sociedades e ecossistemas, aptos a processar informação, aprender, ter memória. A mente pode focalizar a atenção no micro universo das partículas ou no macro universo das galáxias, estrelas e sistemas solares. Ela funciona como um radar. Quando se dissipam as nuvens dos condicionamentos, o radar da percepção penetra mais longe e rastreia conhecimentos, como um controlador de voo que, se não for orientado, leva ao desgoverno, ao desastre.

Do *raja-ioga*, vem uma boa definição de mente, que diz que ela seria a guardiã de todas as nossas crenças, percepções, lembranças, desejos e experiências. Por essa razão, seria também a máquina mais poderosa à nossa disposição, no entanto, a mais difícil de ser controlada e bem nutrida para que pudesse produzir aspirações, pensamentos, palavras e ações baseados no amor e nos bons votos.

Nas tradições hindu, xamã e iorubá admite-se a existência de vários corpos, sendo que o corpo físico reflete os outros corpos sutis. Uma abordagem do corpo em suas múltiplas dimensões distingue o corpo físico, material, do corpo vital, mental ou etérico, suas dimensões intangíveis e imateriais. Nessa perspectiva, uma doença pode expressar a desarmonia existente em níveis intangíveis do ser e indica a necessidade de tomada de consciência das suas causas para que o portador se transforme. Na tradição indiana os chacras são centros energéticos que fazem parte do corpo etérico. Por eles circula a energia *kundalini*. Nos meridianos circulam o *ki* e as energias corporais, tratadas na acupuntura e na medicina chinesa.

A concepção oriental admite a existência de vários níveis da mente, o que possibilitaria experiências fora do corpo e de transcomunicação.[11] As sensações de dor, de mal-estar, de frio, de fome, de sede, são impressões físicas no corpo, deflagradas pelos órgãos dos sentidos, conduzidas ao sistema nervoso central. As sensações estão na interface dos aspectos físicos com os emocionais. Assim, a sensação de fome pode ser tanto uma necessidade física corporal quanto uma compulsão, resultante de frustração, desejo ou outra motivação com origem emocional e mental.

Quando se está com fome e se pensa num alimento saboroso, produz-se a saliva: o corpo responde ao pensamento. No campo da mente se comandam as decisões sobre hábitos e dietas. Comer compulsivamente pode ser uma compensação por frustrações emocionais, afetivas e uma transferência para o corpo de um desejo frustrado no campo emocional ou mental. Há, então, uma desproporção entre o que se ingere de alimentos e o que se gasta de energia em atividades sedentárias. Demandas materiais podem ter causas tais como

---

[11] Um dia, Pierre Weil me perguntou se eu acreditava na transcomunicação e eu lhe disse: "Nunca vi, intuo que possa existir, não nego, não resisto à ideia, tenho simpatia, torço para que exista. Se você diz que há, não tenho porque duvidar de você." Ele me respondeu: "Isso não é suficiente".

a insegurança quanto ao futuro, a compulsão ao acúmulo de gordura ou de riqueza material que possa ser gasta nos momentos de vacas magras. Resultam daí a obesidade, a necessidade de queimar os excessos de calorias em exercícios, em academias, etc.

Os reflexos condicionados, estudados nas experiências de Pavlov com seu cão, atuam sobre o corpo e outras dimensões do ser. Nutrir a mente com bons pensamentos, evitar o lixo e a poluição informativa podem afetar o corpo. Na atual sociedade em que circula uma *overdose* de informações, torna-se crucial despoluir a mente e desintoxicá-la de excessos de pensamentos (a mente obesa), nutrindo-a com bons sentimentos e pensamentos.

No campo das emoções, a ecologia do ser engloba as motivações que movem muitas das ações humanas: motivações de poder, de enriquecer materialmente ou de prestar serviços à sociedade; desejos de consumo ou de autorrealização; sentimentos ou emoções construtivas e destrutivas.

O corpo precisa de pouco. As pressões sobre o ambiente se devem em pequena parte às necessidades fisiológicas ou corporais. Por que se demanda da natureza mais do que o corpo necessita?

Os principais motores das demandas que pressionam a natureza e causam poluições estão na mente e nas emoções. Na mente individual ou coletiva – que inclui as esferas conscientes e inconscientes – começam as agressões contra a natureza e a falta de veneração para com a vida e de solidariedade de todos com todos.

A compulsão ao consumo tem raízes psicológicas, para suprir alguma carência afetiva ou emocional. A " terapia do *shopping*" vive da disposição a comprar algum produto qualquer para fugir de problemas emocionais e psicológicos.

Atos antiecológicos são motivados por variados sentimentos e emoções. São impulsionados pela ignorância, autoafirmação, autoindulgência, ganância, insatisfação ou insegurança que fazem querer mais bens, acumular; pela carência afetiva, pelo desejo de poder ou de *status*, vaidade ou narcisismo. Não se mudam hábitos por preguiça, falta de força de vontade, ignorância, autocomplacência, falta de rigor consigo mesmo, negligência, irresponsabilidade, impulso inconsciente ao suicídio.

O não querer desinteressado e o desapego são cruciais para equilibrar e harmonizar a convivência da espécie com sua base natural. Isso depende de trabalhar no campo da mente e das emoções, de forma a que não cedam às compulsões e reduzam as demandas que pressionem o ambiente.

A estabilização emocional pode ser valiosa para a saúde física, reduzindo estresses e também para reduzir as demandas excessivas sobre a natureza, com impactos ambientais destrutivos e aumento da pegada ecológica.

CONSCIÊNCIA

> Fenômenos emergentes como "vida", "consciência" e "Gaia" resistem à explicação na linguagem sequencial tradicional de causa e efeito da ciência.
> James Lovelock, *A Vingança de Gaia*

VISÕES ORIENTAIS E OCIDENTAIS SOBRE A CONSCIÊNCIA

Ex oriente lux; ex occidente lex.[12*]

A consciência é objeto de reflexões, antigas e recentes, no Oriente e no Ocidente. Da mesma forma como os hemisférios esquerdo e direito do cérebro têm funções diferenciadas, nos hemisférios ocidental e oriental do planeta se desenvolveram concepções distintas sobre a consciência. O Ocidente avançou com sua mentalidade tecnocientífica, do pensamento lógico, da racionalidade, correspondente ao hemisfério esquerdo do cérebro: dele vem a lei. O Oriente va-

---

[12*] Do Oriente, a luz; do Ocidente, a lei.

lorizou a intuição e a aprendizagem criativa: dele vem a luz. Exercitar ambos os hemisférios é essencial para uma consciência holística, que perceba o todo e as partes.

A atual etapa da evolução demanda que a subjetividade seja valorizada, os conceitos psicológicos expandidos, ampliada a concepção do que seja o ser humano e sua consciência. Não por acaso Peter Russel (2006) propõe a desipnose, Fritjof Capra propõe uma revolução cultural, Sri Aurobindo prenuncia o advento da era subjetiva e outros seguem nessa linha das transformações culturais e das mudanças coletivas e individuais, pessoais, subjetivas

No Oriente – Índia, China e Japão – desenvolveram-se culturas que valorizam a consciência corporal por meio de práticas tais como massagem ayurvédica, *reiki*, ioga, meditação zen-budista, artes marciais, tai chi chuan, postura corporal, respiração, relaxamento, automassagem, quiroprática, parto natural, hábitos alimentares como o vegetarianismo e o veganismo. No Ocidente, apesar da antroposofia, da bioenergética e da biodança serem práticas que valorizam o corpo, há uma prevalência do mental.

Na Índia, grandes avanços para compreender de forma integral a consciência foram feitos por mestres tais como o Buda, pelos antigos sábios que formularam a Vedanta e codificaram o Ioga. Essa linhagem continuou no mundo moderno com gurus ou mestres como Ramana Maharshi,

Vivekananda, Krishnamurti, os teosofistas, os Brahma Kumaris, Swami Dayananda e Sri Aurobindo, entre outros.

A palavra 'ioga' vem da raiz *yuj*, que significa 'combinar', 'fundir', 'juntar'. Ioga é religação, reconexão com o todo. É a ciência e a arte de ajudar o indivíduo a emergir de volta em sua totalidade não individualizada.

Em suas várias vertentes e especialmente no ioga integral de Sri Aurobindo ("toda a vida é ioga") sistematizam-se conhecimentos. Ele amplia a autopercepção e a do ambiente e reduz a possibilidade de sermos manipulados por agentes externos (pessoas, medicamentos, ervas, etc.). Considera cada experiência como oportunidade de aprendizagem. O ioga adota posturas, práticas corporais e respiratórias (*pranayama*) e ativa potencialidades latentes do corpo. Há múltiplas práticas e uma delas é o ioga do riso, que faz uso dos poderes restauradores da alegria e do sorrir ou do gargalhar. Destacamos dois dos ramos do pensamento indiano sobre a consciência que primam por sua clareza: os do *raja-ioga* e o do ioga integral de Sri Aurobindo.

Raja-Ioga

> Para cada conceito psicológico em inglês
> há quatro em grego e quarenta em sânscrito.
> A.K. Coomaraswamy, *apud* Russel, *Acordando em Tempo:*
> *encontrando a paz interior em tempos de mudança acelerada.*

O repertório e o vocabulário, conceitos e palavras sobre as questões psicológicas, são mais bem detalhados em sânscrito do que em línguas ocidentais. Isso expressa a profundidade e a sofisticação da concepção contida nos Vedas sobre a consciência e sobre a subjetividade.

A primeira vez que tomei contato com o *raja-ioga* foi em 1977, quando assisti a uma peça de teatro em Bangalore, encenada pelos Brahma Kumaris. Naquela peça cada personagem tinha seu papel – reis, soldados, servos, princesas, sábios, entre outros. Mas o que importava não era o papel representado em cena, mas sim a forma de sair de cena. Alguns saíam à francesa, de fininho, outros saíam atirando, inconformados; cada qual tinha seu próprio modo de retirar-se de cena. A peça era uma alegoria da própria vida, um processo no qual, desde o nascimento, há uma contagem regressiva até o momento da morte ou da passagem para outro plano de existência. Desde então tenho mantido contato com esse movimento praticamente governado por mulheres (Brahma Kumaris significa "as filhas do deus Brahman"), centrado nos valores humanos e que oferece mensagens inspiradoras. O *raja-ioga* reconhece a influência dos pensamentos sobre a saúde. Por isso enfatiza a necessidade de depurá-los e de compreender o que é a consciência. Para o *raja-ioga*, a consciência é condicionada pela identidade de religião, raça, língua, nacionalidade, profissão e influenciada por elementos culturais, sociais, geofísicos e por mudanças no humor e estado de espírito. Mas seu potencial é amplo. A consciência e as emoções não vêm do cérebro, que é um órgão ao qual todas as células do corpo são conectadas. A consciência independe do corpo físico: já existia antes dele e continuará a existir depois que ele se for. De acordo com a Universidade Espiritual Brahma Kumaris, há quatorze manifestações da consciência:

1. Cada indivíduo vivo é um ponto de consciência.
2. A mente processa a percepção sensorial, capta ou gera pensamentos ou ideias; dá espaço à imaginação, desejos, vontades.
3. O intelecto e a inteligência exercitam as faculdades racionais: análise, crítica, formação de conceitos e construção de teorias.
4. As emoções são parte da inteligência.
5. A memória retém e armazena ideias, informações, conhecimentos. O amor é baseado na memória consciente, inconsciente e subconsciente.
6. Tendências, hábitos, ações reflexas, atrações, repulsões e fobias são produzidos pela consciência no nível inconsciente. Todo esse material compõe as *Samskaras*.

7. A dimensão moral gera julgamentos de valor, do bem e do mal.
8. Os motivos para a ação (interesse por si mesmo, amor-próprio, vontade de poder, prestação de serviço altruísta, aspiração à iluminação espiritual ou busca da verdade).
9. Os estados de humor, que podem ser positivos ou negativos (depressivos).
10. A atenção, ou a faculdade de concentrar-se, que varia segundo o estado da consciência (vigília alerta, sono ou sonho).
11. Os instintos, que despertam a curiosidade e a consciência do perigo, e que estão presentes também no comportamento animal.
12. A intuição, baseada na memória e na imaginação.
13. Os estados de consciência: vigília, sono, sonho, coma, êxtase.
14. Ação com sentido, orientada por objetivos claros, que tem dimensão moral.

A essência do *raja-ioga* é a purificação da cognição, do sistema neuroquímico, a purificação do corpo e da mente pela educação e pelo treinamento, bem como a purificação do cérebro, eliminando o conhecimento incorreto e a ignorância. O *raja-ioga* atua com a meditação, que altera o estado de consciência. Busca a harmonização entre o ser humano e a sociedade, a harmonização do ser humano consigo mesmo, por meio de exercícios físicos, respiratórios, a abstração e a interiorização dos sentidos e da concentração da mente.

Em seu livro cujo título poderia ser traduzido como *Centelhas do raja-ioga*, Vimala Thakar faz uma síntese dos ensinamentos dos Vedas, produzidos pelos *rishis*, sábios que viviam em florestas. Ela observa que no ano 553 a.C. Patanjali codificou e sistematizou o conhecimento dos Vedas. A palavra 'Veda' vem do sânscrito e significa *vid* = saber no sentido de obter informação por meio da observação, exploração, experimentação.

Os níveis da consciência situados além da superfície consciente e do inconsciente individual ou coletivo são valorizados na psicologia hindu. Na Vedanta acredita-se na existência do princípio divino, a origem e raiz de toda a consciência, *brahman*, e na manifestação do espírito em cada indivíduo, *atman*. Vimala Thakar conclui que "a cultura é o processo de ajudar a Divindade dentro a se manifestar em cada nível da vida – físico, verbal, psicológico" (Thakar, 1991, p. 6).

Aquilo que impede a inteireza de se manifestar deve ser visto como um obstáculo e aquilo que ajuda a natureza a se manifestar, a refletir-se e a se expressar, deve ser visto como cultura.

Sri Aurobindo

> A evolução é uma lenta transformação
> da energia em consciência.
> Sri Aurobindo, *Complete Works*

Tomei contato pela primeira vez com a obra de Sri Aurobindo, notável sábio-filósofo indiano, durante uma palestra proferida por A. B. Patel no *India International Centre* em Delhi, em 1977. Essa palestra concentrava-se na ideia de uma federação planetária e discorria sobre o pensamento político e social de Sri Aurobindo, pelos quais fiquei fascinado desde então. Atraído pela cidade internacional de Auroville, com sua forma em espiral que representa a evolução humana, e por reencontrar A. B. Patel, que ali dirigia uma ONG chamada World Union, visitei Pondicherry em 1977. Confesso que senti um certo cansaço ao perceber a vastidão da sua obra, que trata de educação, cultura, escritos políticos e poemas, e ao constatar a dificuldade de conhecê-la integralmente no decorrer de uma única existência. Quando me despedi da Índia em 1978, meu último ato foi adquirir essa obra completa em 30 volumes. Algum tempo depois ela chegou ao Brasil e tornou-se uma valiosa fonte de referências e estudos. Sri Aurobindo afirmava que o desenvolvimento das emoções é condição primordial para a evolução humana consciente. A psicologia milenar indiana e a tecnologia das emoções ali desenvolvida para lidar com o equilíbrio físico, emocional, mental e corporal dos seres humanos dão ênfase ao seu desenvolvimento integral, conferindo ao espectro da consciência os níveis mais elevados, e não apenas os níveis consciente, sub e inconsciente.

As diferenças entre a concepção ocidental e oriental do que seja a consciência são explicitadas por Sri Aurobindo:

> A psicologia iogue, como a moderna psicologia, é uma ciência empírica no sentido de que ambas são conhecimento baseado na experiência. Ambas empregam a observação e o experimento como seus métodos fundamentais. Entretanto, o campo da psicologia iogue é muito mais vasto do que aquele da psicologia moderna, pois ele se estende para experiências e fenômenos que estão além da percepção dos sentidos físicos ou cognoscíveis pelo intelecto. (Aurobindo, 2001)

Ramos da psicologia ocidental derivados da consciência lógica e racional, tais como a psicanálise, admitem a existência do inconsciente individual ou coletivo ou do subconsciente, mas negam a existência da supraconsciência ou da ultraconsciência. Nos primórdios do século XX, Sri Aurobindo já questionava as limitações de conceitos e práticas psicanalíticas:

> Eles (os psicanalistas) olham de baixo para cima e explicam as luzes mais altas pelas obscuridades mais baixas; mas a fundação dessas coisas (experiências espirituais) está em cima e não embaixo. O supraconsciente é o verdadeiro fundamento, e não o subconsciente. Não é analisando-se os segredos da lama de

onde nasce a flor de lótus que explicamos sua existência. O segredo da flor de lótus está no arquétipo divino que floresce para sempre nas alturas, na luz. O campo autoescolhido desses psicólogos é, além de pobre, escuro e limitado; você precisa saber o todo antes de saber a parte e o mais alto antes que possa entender verdadeiramente o mais baixo.[13] (Aurobindo, 2001).

Compreendendo o espectro integral da consciência na natureza, na vida, na cultura, Sri Aurobindo propôs o ioga integral, que engloba os seguintes níveis: a matéria, o vegetativo, a sensação, a percepção, o vital-emocional, a mente inferior, a mente concreta, a mente lógica, a mente mais elevada, a mente do mundo, a mente intuitiva, satchitananda/ supermente – divindade ou ente supremo.

Conforme observa Ken Wilber, o esquema proposto por Sri Aurobindo é semelhante àquele concebido pelo filósofo e místico Plotino. Em *O Projeto Atman*, Ken Wilber detalha as etapas na evolução:

> do Big-Bang para a matéria, da matéria para a sensação, da sensação para a percepção, da percepção para o impulso, do impulso para a imagem, da imagem para o símbolo, do símbolo para o conceito, do conceito para a razão, da razão para os eventos psíquicos, destes para os eventos sutis e destes para

---

[13] Sri Aurobindo, "Letters on Ioga", SABCL vol. 24, pp. 1608-1609, In *A Greater Psychology*, p. 307. Em seu livro *Espiritualidade Integral*, Ken Wilber confirma essa observação ao afirmar que a maioria dos psicólogos ocidentais não reconhece formas de cognição de níveis superiores em seus modelos psicológicos.

os eventos causais, no caminho para o seu próprio autorreconhecimento chocante, para a própria autorrealização e autorressurreição do Espírito. E em cada um desses estágios – da matéria para o corpo para a mente para a alma para o espírito – a evolução se torna cada vez mais consciente, cada vez mais perceptiva, cada vez mais realizada, cada vez mais desperta – com todas as alegrias e todos os terrores inerentemente envolvidos nessa dialética do despertar. (Wilber, 1996, p. 13)

Ken Wilber e o espectro da consciência

Da mesma forma como os pesquisadores das ciências exatas estudavam partes distintas do espectro eletromagnético e não tinham a visão de que se tratava de aspectos complementares de um mesmo todo, também os vários ramos da psicologia, da psicoterapia, da mística ou das tradições ocidentais e orientais estudam aspectos específicos do espectro da consciência.

A visão humana é capaz de perceber o espectro de luz visível, do vermelho ao violeta. Tudo o que é infravermelho ou ultravioleta não é percebido pela nossa visão. Os animais têm diferentes acuidades para perceber comprimentos e frequências de ondas, que dão origem a outras imagens. Os cães, por exemplo, têm os sentidos da audição e do olfato mais sensíveis do que os seres humanos, percebendo faixas que não percebemos. O espectro visível corresponde a uma mínima fração do espectro eletromagnético total (figura 7). Os raios ultravioletas – os raios gama, os raios X – somente são percebidos com o uso de instrumentos que estendem o sentido da visão humana. Aparelhos de raios X penetram sob a superfície de corpos e objetos e permitem visualizar aspectos da realidade que são invisíveis a olho nu; aparelhos de rádio, micro-ondas e TV permitiram usar frequências e comprimentos de onda no nível infravermelho.

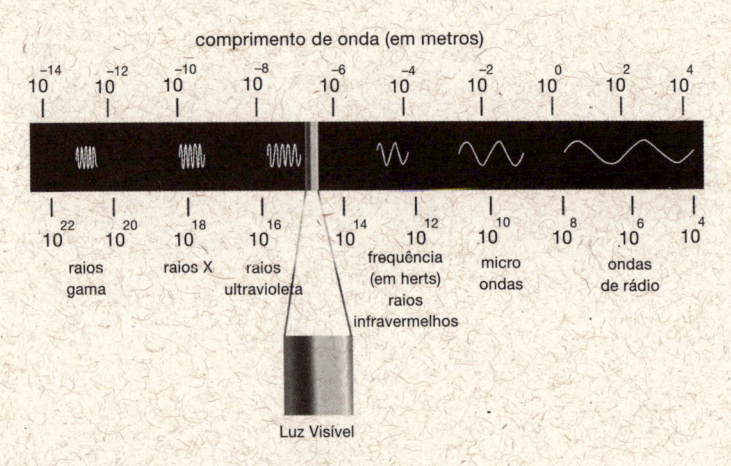

Figura 7 O espectro eletromagnético.

Ken Wilber observa essas partes distintas não se opõem, mas se complementam e que é necessária uma visão integral do espectro da consciência.

Ken Wilber estudou as concepções orientais e ocidentais sobre a consciência, a história da psicologia no Oriente e no Ocidente, sua estrutura, suas funções, seus condicionamentos, seus estados e estágios de desenvolvimento e evolução.

Da mesma forma como a percepção visual tem seus limites do infravermelho ao ultravioleta e a percepção auditiva não capta os infra- e ultrassons, também há faixas do espectro da consciência em que estamos sintonizados e outras que escapam à nossa capacidade de percepção e de compreensão, que não captamos no estado normal de vigília, despertos, ou no sonho. Há faixas de ultraconsciência e de infraconsciência que não temos a capacidade de captar, nos estados normais de vigília, sono ou sonho. Elas podem ser acessados nos estados alterados de consciência proporcionados por drogas ou por práticas de meditação.

Em busca de uma concepção integral da consciência, Ken Wilber propôs a existência de um espectro da consciência com quatro quadrantes.

Ele assim os descreve:

- O quadrante **superior esquerdo** cobre os aspectos interiores-individuais da consciência humana, conforme estuda a psicologia do desenvolvimento, tanto na sua forma convencional quanto contemplativa.

- O quadrante **superior direito** cobre os aspectos exteriores-individuais da consciência humana, conforme estuda a neurologia e a ciência cognitiva.

- O quadrante **inferior esquerdo** cobre os aspectos interiores-coletivos da consciência humana, conforme estudam as ciências da cultura: psicologia cultural e antropologia.
- O quadrante **inferior direito** cobre os aspectos exteriores-coletivos da consciência humana, conforme estuda a sociologia.[14]

O conhecimento sobre a consciência desenvolve-se por meio das neurociências e das ciências cognitivas, que aprofundam o conhecimento do *hardware* material e físico – o sistema nervoso e o cérebro – bem como dos *softwares e personwares* – psíquicos e imateriais, tais como a mente, o espírito, a alma, as inteligências.

Noética e noodiversidade

> A noética pretende criar um corpo de conhecimento empiricamente baseado e publicamente validado sobre a experiência subjetiva, sobre a vida interior humana e sobre a sabedoria perene das grandes tradições espirituais, que constitui a herança viva de toda a humanidade.
> Willis Harman, *What are noetic sciences?*

No Ocidente, a ciência da consciência tem avançado por meio de inúmeras pesquisas e estudos sobre a consci-

---

[14] Ken Wilber, traduzido por Príscila e Moacyr Castellani http://www.psicologiaintegral.com.br. s/d.

ência, desde os que a mapeiam e cartografam, até aqueles oferecidos pelos diversos ramos da psicologia – da psicanálise à psicologia transpessoal. Algumas dessas concepções do que seja a consciência se aprofundam no inconsciente e no subconsciente (Freud, Jung), ou nos diversos estados de consciência (vigília, sonho, sono, transpessoal). Destaca-se a obra de Stanislav Grof, com sua cartografia da consciência, dos psicólogos transpessoais, da psicossíntese, as abordagens transdisciplinares e que admitem a existência de um espectro mais amplo da consciência. Algumas vertentes ocidentais da psicologia admitem a existência de níveis infra- e ultraconscientes. A psicossíntese e a psicologia transpessoal são algumas delas.

Entre as abordagens à consciência está a noética, uma ciência da mente humana ampla. A palavra 'noética' (do grego *nous* = conhecimento intuitivo) se refere ao conhecimento interior, à consciência pura ou intuitiva, com acesso imediato ao conhecimento reflexivo, para além dos sentidos normais e da razão.

As ciências noéticas exploram a natureza e os potenciais da consciência; usam diversas maneiras de acessar o conhecimento, tais como a intuição, os sentimentos, a razão e os sentidos. Elas exploram o universo interior da mente (consciência, alma, espírito) e como ele se relaciona com o "cosmos exterior" do mundo físico. A noética catalisa os conhecimentos das ciências da cognição.

Da mesma raiz, *nous*, vem o conceito de noosfera, elaborado por Pierre Teilhard de Chardin, padre e cientista, em seus estudos sobre a evolução e o fenômeno humano. Esse conceito trata do conhecimento, das ideias, dos produtos culturais, do espírito, das linguagens, teorias, conjunto de energias mentais, pensamentos, emoções, sentimentos, informações geradas ou captadas desde o início da vida e que constituem uma sutil camada que circunda o planeta. Desse esforço de compreender a consciência participam também iniciativas como a da noologia – ciência que estuda o espírito humano – e a conscienciologia.[15] Da raiz *nous* derivam também os conceitos de noodiversidade e da Era Noozoica – a era do conhecimento intuitivo.

Somos cerca de 7 bilhões de indivíduos no planeta, cada um com sua impressão digital única. Há uma diversidade de indivíduos, bem como de grupos sociais e culturais, dentro da unidade da espécie. Da mesma forma, há múltiplas consciências. É difícil mudar o código genético, o DNA, os aspectos físicos de uma pessoa; a consciência é mais mutante. A consciência é fluida, pode ser descondicionada em seus aspectos culturais e sociais, em seus estados, modos, etapas (por exemplo, por faixa etária).

Do mesmo modo como as espécies evoluem na biodiversidade, evolui a noodiversidade, a diversidade das consciências.

---

[15] Sobre a conscienciologia, ver http://www.iipc.org/ciencias/conscienciologia.php. s/d.

Ela se desenvolve, aprende a partir do estágio, do estado e do modo de consciência em que cada um se encontra.

Um dos fatores que pressionam pela transformação da consciência humana é a necessidade de dar respostas à crise da evolução e suas manifestações climáticas e ambientais.

A noodiversidade é a variabilidade entre as consciências no nível dos memes, entre memes, ideias e sociedades e culturas, juntamente com os processos responsáveis por sua manutenção e transformação. "Um meme, termo cunhado em 1976 por Richard Dawkins, é para a memória o análogo do gene na genética, a sua unidade mínima. É considerado uma unidade de informação que se multiplica de cérebro em cérebro, ou entre locais onde a informação é armazenada (como livros) e outros locais de armazenamento ou cérebros. O meme é considerado uma unidade de evolução cultural que pode de alguma forma autopropagar-se." (Wikipedia Commons)[16] Por meio dos memes promove-se o contágio de ideias, que se espalham pela educação e pela comunicação.

Da mesma forma como a biodiversidade presta serviços ambientais valiosos, importantes serviços culturais são prestados pela noodiversidade. Diferentes estágios de consciência são vividos por parcelas da humanidade – do astronauta à tribo isolada na Amazônia. Hoje existe a contemporaneidade do diverso. Levando em consideração os condicionantes cultu-

---

[16] Para saber mais, acesse: http://pt.wikipedia.org/wiki/Meme (acesso em 31-8-2012).

rais e sociais distintos, a aprendizagem se faz a partir do ponto em que se encontram cada conjunto, comunidade, coletivo.

Um mesmo indivíduo pode apresentar, ao longo de um único dia, variações de humor, de estados de consciência, de lucidez ou confusão mental, de estabilidade ou instabilidade emocional, de depressão ou euforia.

Nos temas ambientais, há hoje posições que variam de A até Z, de um extremo a outro: há os céticos, os alarmistas, os indiferentes e os alheios. Essa pluralidade de posições e visões ocorre em relação a vários assuntos, tais como a energia nuclear, os organismos geneticamente modificados, as transposições de rios, o licenciamento ambiental de usinas hidrelétricas e as mudanças climáticas.

Diferentes posições são defendidas por cientistas, políticos e representantes de governos, advogados e lobistas de empresas, agentes de publicidade e mídia, empresários de comunicação, representantes de ONGs. Os diferentes interesses políticos e econômicos, ideologias, pressupostos e valores morais se refletem na percepção e consciência ecológica de cada ator.

Um campo relevante é o da conexão entre consciência e ecologia. Os primeiros estudos de ecologia, originários na biologia, focalizaram a vida animal e vegetal na sua relação com o ambiente da matéria: tratavam da ecologia ambiental. A ecologia social e humana, a ecologia política, da cognição e da mente, e a ecologia profunda introduziram a questão da consciência no campo da ecologia.

Diante da psicodiversidade e da noodiversidade, atitudes de simpatia para com o diferente são vitais, para se evitarem os fundamentalismos intolerantes que somente admitem uma forma de consciência, que pretendem moldar as consciências numa única, uniformizar verdades e limitar liberdades individuais de pensamento.

CONSCIÊNCIA E ÉTICA

Na experiência vivida, a consciência é a faculdade da espécie humana responsável por estabelecer julgamentos morais, ter ética e honestidade, distinguir o bem do mal, distinção essa que não é feita pela natureza. A consciência leve e limpa distingue a boa da má ação e aponta o que deve ou não ser feito. Um exame de consciência avalia se o bem foi feito e se as ações são coerentes com os pensamentos e sentimentos. Pôr a mão na consciência é autoavaliar-se. "A consciência é o melhor livro de moral e o que menos se consulta", disse Pascal.

O constrangimento, vergonha ou exposição pública por erros cometidos são um tormento que causa desconforto, angústia, sobressalto e culpa. Em algumas culturas, como a japonesa, o suicídio é forma extrema de resposta diante da perspectiva de desonra e da perda da reputação social. Saber lidar com o erro e aprender com ele é um sinal da tomada de consciência, e pode reduzir o risco de cometê-lo novamente.

Várias expressões traduzem entendimentos culturais sobre o que é a consciência: ter a consciência leve significa estar em paz; ter a consciência pesada é carregar culpas, sentimentos que perturbam a paz individual ou coletiva. Quando se comete uma ação indevida, o arrependimento ou o remorso tornam-se um peso na consciência, que precisa, então, ser aliviada. Entre os métodos para aliviar a consciência estão as confissões e penitências aplicadas em algumas tradições religiosas; ou o poder catártico dos vários métodos, técnicas e abordagens para o conhecimento da psique.

Uma pessoa consciensiosa age com cuidado, com senso de responsabilidade e pratica valores como a honra, a retidão ética, a sinceridade. Pratica o voto consciente, o consumo consciente, o viver consciente das consequências de seus atos e palavras.

Ter a consciência em paz garante bom sono e ter algum problema de consciência – preocupação, culpa, remorso – é causa de insônia. "A consciência tranquila é o melhor travesseiro", diz o provérbio. Sono e vigília são dois dos estados de consciência.

O bom nem sempre é o útil, já apontava com clareza Sri Aurobindo:

Há somente uma regra segura para o homem ético, alinhar-se ao seu princípio do bem, seu instinto do bem, sua visão do bem, sua intuição do bem, e governar assim sua conduta. Ele pode errar, mas estará no seu caminho, a despeito de todos os tropeços, porque será fiel à lei de sua natureza. A lei da natureza do ser ético é a busca do bem; não pode nunca ser a busca de utilidade. (Aurobindo, 1970, vol. 18, p. 140)

Diz Pierre Weil (1989) que:

O princípio de vida é o que deve inspirar o primeiro valor ético: respeitar a vida, defender a vida sob todos os seus aspectos; inclusive a morte, a desintegração e a destruição devem ser respeitadas em seus respectivos ritmos próprios, como fazendo parte da vida. Entretanto, há uma diferença muito forte entre aceitar a morte e a destrutividade como fazendo parte da vida, e provocar essa destruição e morte diretamente por assassinato ou guerra, de um lado, ou por outro lado, indiretamente pelo uso de tecnologias destrutivas, em curto, médio ou longo prazo. Entre aceitar a morte como processo vital e provocá-la se encontra a diferença fundamental entre um valor construtivo e um destrutivo. (Weil, 1989, p. 2)

Para desenvolver a consciência ecológica é fundamental compreender o que é a consciência. A partir dessa compreensão pode-se estimular de forma apropriada pessoas que estejam em diversos estágios de desenvolvimento, sejam aquelas que têm concepções animistas ou mágicas como aquelas no estágio racional. Também se podem conceber e aplicar métodos de aprendizagem apropriados a cada faixa etária que está num momento específico de evolução de sua consciência. Podem-se propor processos que levem os indivíduos e coletividades a introjetar valores tais como maior tolerância, paciência, compaixão e não apenas conteúdos técnicos, artísticos ou científicos.

Peter Russell observa que:

> Ainda sabemos muito pouco sobre o modo pelo qual a percepção sensorial leva à consciência e sobre como as ideias surgem. Temos pouquíssimo entendimento sobre nossos sentimentos ou sobre as maneiras com que nossas atitudes afetam nossa percepção e nosso comportamento. E o ser interior, o aspecto mais profundo da mente consciente, permanece tão misterioso como sempre. Esta é a próxima grande fronteira, não o espaço exterior, mas o espaço interior. Nosso poder de mudar o mundo pode ter dado saltos prodigiosos, mas nosso desenvolvimento interior, o desenvolvimento de nossas atitudes e valores, progrediu muito mais lentamente. Parecemos tão propensos à ganância, à agressão, à estreiteza de visão e ao egocentrismo quanto éramos há 2.500 anos, quando os gregos exaltavam suas filosofias éticas e as virtudes do autoconhecimento. (Russell, 2006, p. 73)

Ele desafia:

> Se é que vamos continuar nossa jornada evolucionária, é imperativo que façamos agora alguns saltos prodigiosos em nossa capacidade de transformar nossas mentes. (Russel, 2006, p. 74).

E continua:

As tendências malignas da humanidade também podem ser consideradas um erro de programação. No entanto, porque nos movemos da evolução biológica para a evolução cultural, os programas que agora influenciam nosso comportamento e desenvolvimento devem ser encontrados não em nossos genes, mas em nossas mentes. São nossas atitudes e valores, a maneira como vemos a vida, a maneira como vemos a nós mesmos e aquilo que consideramos importante. São essas atitudes e valores, e não nossos genes, que determinam a maior parte de nossas decisões e de nossas atividades cotidianas. (Russell, 2006, p. 97)

CONSCIÊNCIA E CULTURA

Para se alcançar um estado de equilíbrio dinâmico, será necessária uma estrutura social e econômica radicalmente diferente: uma revolução cultural na verdadeira acepção da palavra. A sobrevivência de toda a nossa civilização pode depender de sermos ou não capazes de realizar tal mudança.
Fritjof Capra, *O Ponto de Mutação*

Na poesia, na música e nas artes, são frequentes as referências à consciência. Dramas de consciência são enredos de novelas e tragédias. Ataulfo Alves e Mário Lago cantaram na conhecida música *Ai, que saudades da Amélia*: "Você não sabe o que é consciência. Nem vê que eu sou um pobre rapaz". Cantores e filósofos refletiram sobre ela, em sua própria visão e na de outros: "Preocupe-se mais com a sua consciência do que com sua reputação. Porque sua consciência é o que você é, e a sua reputação é o que os outros pensam de você. E o que os outros pensam é problema deles", disse Bob Marley.

E, num sentido inverso, Nietzsche escreveu: "É mais fácil lidar com uma má consciência do que com uma má reputação."

A consciência é um conceito com vários significados e ela própria assume muitas formas:

> "A minha consciência tem milhares de vozes,
> E cada voz traz-me milhares de histórias,
> E de cada história sou o vilão condenado"

escreveu Shakespeare em *A tragédia do Rei Ricardo III*.

A consciência pode ser vista como um espaço vazio, capaz de absorver os estímulos do ambiente e da reflexão. Por outro lado, pode ser vista como a pedra da qual se extrai uma escultura: há muitas estátuas possíveis dentro de uma pedra. A estátua *Davi* de Michelangelo já se encontrava dentro da pedra; foi preciso somente o artista retirar o que não era Davi e a escultura apareceu. A ação humana, com habilidade e criatividade, é necessária para revelar a beleza que estava nela escondida. A consciência é um espaço vazio no qual podemos projetar uma construção. As fundações dessa casa são o infraconsciente; o prédio é o estado de vigília; a ultraconsciência é vislumbrada a partir do terraço. Uma casa sem terraço ou sem quintal ao ar livre dificulta enxergar o universo, os astros.

A importância da consciência e da cultura é enfatizada por Fritjof Capra em *O Ponto de Mutação*, quando afirma que chegamos a um ponto no qual os paradigmas dominantes precisam ser transformados para que a evolução possa prosseguir, sob o risco de a espécie humana provocar sua autodestruição.

O ser humano condiciona a matéria: com o paisagismo, a jardinagem e a agricultura, condicionamos os vegetais e as árvores; transformamos a terra e os minerais ao construir cidades, casas, estradas; transformamos os rios em canais, represas, reservatórios; treinamos os animais por meio da domesticação, fazendo-os repetir padrões de comportamento e criando os reflexos condicionados, estudados por Pavlov.

Vimala Thakar, escrevendo sobre *raja-ioga*, aborda os condicionamentos da mente, da estrutura de pensamentos e seu papel. Ela observa que corpos, palavras e mentes são condicionados, educados. Pela repetição, aprendem-se a gramática e as palavras, os hábitos cotidianos básicos, como usar garfo e faca, por exemplo. O condicionamento nem sempre é negativo, limitante. Exercícios mentais e jogos estimulam a inteligência e o gosto por aprender. Por meio de exercícios do corpo, de posturas, aprende-se como usar a palavra, o som.

A cultura molda, forma, regula a qualidade da consciência. A consciência coletiva e individual passa por filtros sociais, culturais, bem como por circuitos de programação mental. A consciência individual é condicionada pela história pessoal de cada um e também pela identidade compartilhada de religião, raça, língua, nacionalidade, profissão; é influenciada por elementos culturais, ideológicos, econômicos e sociais e por mudanças no humor e no estado de espírito. A realidade externa e o meio ambiente são um mesmo objeto percebido e interpretado de formas distintas de acordo com os filtros sociais, culturais, e as motivações pessoais. Esses filtros culturais são condicionantes. Ao se trocar o filtro, troca-se a imagem que é percebida. Por outro lado, nossa consciência é abastecida por informações e linguagens, pela cultura, a educação, a comunicação, a percepção sensorial, pelas sensações.

Pode-se aprender a condicionar ou a descondicionar a mente e o movimento do pensamento. Não se podem destruir os condicionamentos, mas pode-se em boa medida tomar distância de suas garras, de sua dominação. A cultura – incluídas as artes, ciências, manifestações religiosas ou ideológicas – pode expandir a consciência, libertá-la; por outro lado, pode atrofiá-la, escravizá-la. Desidentificação, distanciamento crítico, visão analítica são sinais de liberdade, de autonomia do sujeito. Por outro lado, podem significar limitação, prisão, dependência do condicionamento religioso, os hábitos arraigados, o condicionamento social e político por meio das influências da TV, mídia, formadores de opinião, líderes religiosos e políticos ou gurus, que atuam de fora para dentro.

Condicionamento e descondicionamento fazem parte da dinâmica de alterações da consciência. À medida que se evolui no autoconhecimento e no conhecimento das realidades, pode haver descondicionamento, quebra de tabus ou de convenções. Exercícios de descondicionamento são valiosos para libertar a consciência condicionada pelos preconceitos e pelo ambiente cultural, natural ou social em que ela atua. Descondicionar é um exercício com a consciência, que implica suspender julgamentos, não se deixar levar por aversão ou simpatia pessoal, exercer o desapego e o desinteresse em relação a resultados de ações, descolamento cultural e desidentificação. Enfim, pode significar libertação.

A vazão e o fluxo da consciência se assemelham à vazão e ao fluxo da água ou dos gases. Como a água, a consciência pode ser turva ou límpida. Quando tranquila, atua como um espelho d'água e reflete a realidade com clareza e lucidez. Quando perturbada – por ondas, eventos externos ou estados emocionais – pode perder a nitidez e a clareza e sofrer profundas distorções.

Assim, a consciência adapta-se ao contexto e aos ambientes natural, social e cultural, visando a aumentar as oportunidades de sobrevivência. Como um camaleão, adquire a coloração do ambiente, para nele melhor se integrar. O comportamento adaptativo busca a coevolução com os demais elementos do ambiente. Entretanto, esse processo de adaptação, levado a extremos, pode reforçar normoses sociais e coletivas. Conforme define Pierre Weil:

> Normose é o conjunto de normas, conceitos, valores, estereótipos, hábitos de pensar ou de agir aprovados por um consenso ou pela maioria de uma determinada população e que levam a sofrimentos, doenças ou mortes, em outras palavras, que são patogênicos ou letais, e são executados sem que os seus atores tenham consciência desta natureza patológica, isto é, são de natureza inconsciente. As normoses são estágios ainda não percebidos pela sociedade como doenças, tais como as neuroses ou psicoses.(Weil, *apud* Weil, Leloup & Crema, 2002, p. 22)

Nesse momento da evolução humana e do planeta, saber descondicionar-se das normoses sociais ecologicamente destrutivas e migrar para formas de consciência e para atitudes individuais e sociais ecologicamente amigáveis pode ser o elemento central que fará a diferença entre o colapso e a capacidade de sobreviver com qualidade.

Karl Marx foi além ao afirmar que a sociedade não apenas condiciona, mas determina a consciência: não seria a consciência do homem que lhe determinaria o ser, mas, ao contrário, o seu ser social que lhe determinaria a consciência.

A cultura e os valores sociais se refletem no nível de consciência individual e coletiva. A consciência negra, espírita, cristã, cósmica, corporal, moral, financeira, social, ambiental, quântica são algumas das expressões desses condicionamentos étnicos, ideológicos, culturais e sociais, bem como a alienação ou a consciência de classe.

Mesmo se o corpo está presente num local, a mente e a consciência podem viajar. Ela permite que um indivíduo se liberte de limitações e condicionamentos, conforme observou o Mahatma Gandhi: "As prisões não são as grades e a liberdade não é a rua; existem homens presos na rua e livres na prisão. É uma questão de consciência."

Controle mental e lavagem cerebral são técnicas explícitas de condicionamento da consciência.[17] Em casos extremos promove-se a desidentificação da pessoa com sua identidade anterior: ela muda de nome, distancia-se de seus valores passados.

A consciência pode ser intoxicada pela poluição informativa. O controle dos pensamentos é um fator que ajuda a regular o modo de vida. Há métodos e técnicas de influenciar as pessoas e a propaganda subliminar é um deles, que manipula a consciência por meio da percepção e da persuasão.

ESTADOS DE CONSCIÊNCIA E A SAÚDE

Durante um ciclo diário uma pessoa saudável experimenta diversos estados de consciência: o sono profundo, a sonolência, a vigília, o sono com sonhos. Nesse particular, somos como os animais, que também dormem, sonham,

---

[17] Há diversos métodos e treinamentos para se promover o controle mental: a programação neurolinguística, o Método Silva de controle mental e outros.

despertam. Além dos ciclos diários, há ciclos sazonais de variação de estados de consciência: ursos hibernam no inverno e assim economizam energia e calor. Os ciclos podem ser semanal, lunar, anual e sazonal.

A consciência se manifesta em vários estados e em cada um deles a capacidade de atenção e de apreensão da realidade varia: o de torpor, o semiadormecido, o cansado, lento × alerta atento, desperto.

Os estados de consciência incluem uma diversidade de situações.[18] No estado minimamente consciente (EMC/MCS) se sente dor, desconforto, percepção sensorial esporádica. No sono com movimentos randômicos dos olhos, há baixos níveis de despertar comportamental junto com a consciência vivida. Níveis crescentes de despertar são determinados comportamentalmente.

A vigília, o estado desperto consciente, é parte do ciclo diário, que num indivíduo saudável, desenvolve-se com 8 horas de sono, 16 horas desperto, 1 hora de sonho. Um bebê e um doente convalescente precisam de mais horas de sono para conservar energia, para crescer ou curar-se. É no estado de vigília que se desenvolve a maior parte das atividades humanas com impactos ambientais. Para John Gray, autor de

---

[18] Ken Wilber nota que na Vedanta, a sabedoria das escrituras hindus, reconheciam-se cinco estados de consciência, a saber: a vigília, o sonho, o estado de sono profundo sem sonhos; o estado de observação dos outros estados e a percepção não dual.

Cachorros de Palha, existe uma confusão entre consciência e vigília: esta é apenas um dos estados daquela.

O sono profundo é um estado essencial. Se o sono é maldormido, há sonolência durante o dia. Um doente precisa repousar e dormir mais horas por dia; alguém que pratique a meditação reduz a necessidade de horas de sono. Privar do sono é uma das formas de tortura, pois o sono é reparador, desfragmenta e reorganiza informações.

> Uma vez desmaiei e tive hemorragia interna no cérebro. O médico que me atendeu no hospital depois do desmaio foi explícito: metade dos que sofrem isso entra em coma e depois tem morte cerebral. Da metade que sobra, metade fica com sequelas para o resto da vida. Eu fiquei nos 25% que escapam ilesos. Agradeço a sorte de estar vivo e poder escrever sobre isso.

Um desmaio significa a perda dos sentidos, mas não é perda da consciência: é a entrada num outro estado de consciência. O medo da dor pode provocar o desmaio: a pressão arterial baixa, o corpo fraqueja, o estado de consciência muda.

Coma, estado vegetativo permanente e morte cerebral são estados da consciência vivenciados em situações extremas entre a vida e a morte.

Uma vez fiz um exame médico que exigia sedação. O anestesista aplicou na veia uma substância que me fez adormecer em poucos segundos. A anestesia é um recurso usual da medicina para promover inconsciência, relaxar e abolir a dor, possibilitando a realização de intervenções cirúrgicas com maior conforto para o paciente. Entorpecentes, anestesias, drogas e boa parte da farmacologia disponível alteram estados de consciência. Os médicos e profissionais da saúde lidam com essas drogas, manipulando e alterando os estados de consciência dos pacientes de modo controlado (ou quase sempre...) e com finalidades práticas. Quando cessa o efeito da droga, volta-se ao estado de vigília. Uma anestesia mal dosada ou aplicada pode gerar sequelas permanentes. Ou pode matar. Regular a dor e o prazer são funções da droga, seja aquela que os viciados buscam, seja aquela aplicada por um anestesista ou por um médico, pois a droga também é usada na medicina para controlar a dor num doente de câncer.

Tanto os indivíduos como as coletividades e sociedades podem perder a sensibilidade, drogar-se ou anestesiar-se, criar defesas para não sentirem aquilo que causa sofrimento ou desprazer, por medo da dor.

A morte cerebral indica o fim de uma vida; para quem crê no espírito, significa a passagem de um plano da existência para outro.

Os estados alterados de consciência podem ser obtidos, pelo psiconauta, de dentro para fora, pela meditação, contemplação, hiperventilação ou pela respiração holotrópica;[19] ou de fora para dentro, por meio de estímulos químicos.

---

[19] Técnica de respiração desenvolvida por Stanislav Grof.

Entre as técnicas e práticas para se alterarem estados de consciência estão o sonho lúcido, a privação do sono, tanques de isolamento, privação dos sentidos, sobrecarga sensorial (som alto, por exemplo), sexo, jejum, sincronização de ondas mentais, hipnose e projeção astral.

Estados incomuns de consciência são alcançados na meditação, na contemplação, nas práticas espirituais e na introspecção, na hipnose, no êxtase ou no transe.

O coma, o estado vegetativo permanente e a morte cerebral são estados da consciência vivenciados em situações extremas entre a vida e a morte. No coma ocorre a perda de consciência, que por vezes leva à morte cerebral (que não necessariamente é a perda da consciência integral) ou, ainda, à perda da vida. No estado de coma, a pessoa perde a consciência e a capacidade de reagir a estímulos externos. Para a Vedanta, o coma é a fusão da consciência individual na consciência universal cósmica (na terminologia dos vedas, a fusão do *atman* – o ponto de consciência presente no indivíduo – no *brahman* – o oceano cósmico da consciência universal).

Nos ataques epilépticos, no sonambulismo, no desmaio, perde-se temporariamente a conexão consciente com o mundo; há ausência total de consciência no estado PVS ou estado vegetativo persistente (EVP). A morte cerebral, por sua vez, indica o fim de uma vida.

A alteração de estados de consciência pode dar-se de fora para dentro, por meio de estímulos químicos proporcionados pela droga, o álcool, música alta ou até por exercícios respiratórios. A insatisfação com os estados usuais de consciência e com a dor psíquica ou física a eles associada estimulam a busca por estados alterados de consciência. Um viciado busca o prazer proporcionado pela droga, com efeitos colaterais negativos para o indivíduo e para a sociedade, tais como a dependência e o vício pelo apego ao que dá prazer e à percepção de outras dimensões da realidade. Esse método de alterar estados de consciência alimenta o riquíssimo mercado das drogas.

MEDITAÇÃO E MEIO AMBIENTE

> É dito que a mente é como um cavalo voador. Ela corre de um assunto para outro, de uma pessoa para outra, de um país para outro. Tudo em uma fração de segundo. Quando sentamos para meditar, a mente começa a correr. Quando desenvolvemos o poder do silêncio, a mente torna-se como o mais obediente cavalo.
> BK Nirwair[20]

Durante estadia na Índia como pesquisador visitante no Instituto de Administração em Bangalore, tive oportuni-

---

[20] Mensagem divulgada por e-mail.

dade de receber aulas de ioga do professor Janakiraman. Ali experimentei práticas que podem conduzir a estados de consciência ampliados, sem a perda da consciência.

Civilizações antigas como a chinesa e a indiana, que têm como ideia central a energia vital (*ki* ou *kundalini*), desenvolveram diversas práticas de meditação. O chi kung, o lian gong e o tai chi chuan englobam práticas baseadas em exercícios respiratórios e físicos. São crescentemente reconhecidos os efeitos benéficos da meditação sobre a saúde individual. A meditação faz perceber e prevenir a dor, previne doenças cardiovasculares, faz resistir aos apelos das drogas. O estado meditativo altera emoções, limpa a mente dos pensamentos desnecessários, diminui a ansiedade e o estresse, aumenta a concentração e a criatividade, fortalece a intuição e a inspiração. Ela evita antecipar medos e sofrimentos, silencia a mente. As práticas de meditação conduzem o praticante a um estado de equilíbrio emocional, de harmonia interior e de relaxamento em que são diminuídas a frequência respiratória, a quantidade de oxigênio consumida pelo metabolismo e a produção de gás carbônico na expiração. Elas tonificam o corpo, corrigem desvios posturais, melhoram o convívio social.

A mente influi no corpo. Uma atitude básica da meditação é o focar a atenção na respiração, pois quando se observa o movimento do ar para dentro e para fora dos pulmões, deixa-se de pensar no passado ou no futuro e a atenção orienta-se para o momento presente.

A meditação tem efeito equivalente à luneta de Galileu, que permitiu enxergar o universo de forma nova e dissipar as nuvens das crenças religiosas equivocadas, com nitidez, limpidez, sem turbulências que turvam a visão. Ela torna o campo mental mais limpo; permite não dispersar, concentrar e esvaziar a mente de pensamentos, emoções, crenças, percepções; tirar o supérfluo e deixar o essencial. A meditação é um descanso no estado de vigília, proporciona um estado de vigília elevado, um estado de consciência alterado, produzido endogenamente. Ken Wilber observa que o estado meditativo permite acesso a domínios superiores de forma deliberada e prolongada.

A linha de *raja-ioga*, desenvolvida pelos Brahma Kumaris considera que o pensamento é alimento do espírito. Pensamentos puros, poderosos, positivos são produzidos numa atmosfera interna saudável mantida pela meditação, que descansa e é um bálsamo contra a inquietação e a agitação.

A meditação, a contemplação, técnicas que harmonizam e tranquilizam a mente, permitem entrar em estados de consciência menos perturbados e dispersos, mais lúcidos. As abordagens e métodos de observação da realidade, de autoconhecimento e de reflexão, de controle da mente são de grande valor para a expansão da consciência. No campo psíquico, emocional ou mental, há práticas e exercícios que permitem expandir os limites humanos. Dentre elas existem as práticas de desenvolvimento da atenção e presença no agora, de criatividade por meio das artes e ciências, de meditação. A capacidade de concentrar a mente no essencial expande e aprofunda a consciência. A concentração é um método de condicionar a mente, concentrar a energia difusa e despertar poderes latentes. A necessidade, a demanda, a crença e o desejo podem ser ecologizados e induzir atitudes e comportamentos ecológicos.

Num mundo que apresenta instabilidade crescente e transformações aceleradas, inclusive quanto aos aspectos ambiental e climático, é necessário ter preparo para enfrentá-las e a meditação auxilia nesse alcance da tranquilidade.

A contemplação é um estado profundamente ecológico ao valorizar o não consumismo, a celebração da vida e da natureza. Do estágio de consciência humana dependerá em parte a vida ou a morte no planeta, o sofrimento e a dor, o prazer e a satisfação, a saúde e a doença. A maior parte dos impactos ambientais da atividade humana é produzida durante o estado de consciência desperto, de vigília. Quanto mais pessoas entrarem e permanecerem no estado de meditação ou na contemplação, menor será o impacto das atividades humanas sobre a natureza.

A meditação produz efeitos benéficos sobre o ambiente externo e a natureza ao induzir a uma vida mais contemplativa, menos estressada e hiperativa, que sobrecarrega e leva a pressões consumistas sobre o ambiente. Ao fazê-lo, ela leva a um estilo de vida de menor impacto e menor intensidade na produção de carbono. Ajuda a retirar a mente do estado de vigília normal, que é o grande produtor de impactos ambientais.

Pode-se reduzir as demandas compulsivas de bens materiais por meio da meditação, da contemplação. Pode-se promover o avesso do luxo, que é agressivo em relação aos recursos naturais e valorizar a simplicidade material, a austeridade franciscana, o viver com o suficiente. A atividade humana é, inequivocamente, uma das causadoras dos desequilíbrios ambientais e climáticos que ocorrem atualmente. Ações humanas se originam de pensamentos ou de vontades, paixões ou sonhos que se deseja realizar. O comportamento do ser humano influencia o ambiente. O estado de consciência, mental e emocional desse ser, individual e coletivamente, motiva sua ação, bem como os impactos que ela causa ao ambiente. A qualidade dos pensamentos pode ser melhorada quando se altera o estado de consciência, de vigília normal para o estado de meditação ou contemplativo. A meditação é um caminho para se lidar com a crise ecológica e ambiental ao reduzir a incidência da "terapia do *shopping*" induzida por frustrações psicológicas, pois o consumismo é um dos grandes impulsionadores da devastação ambiental.

ESTÁGIOS DE DESENVOLVIMENTO DA CONSCIÊNCIA

> À medida que se expande a capacidade de perceber o espectro total da consciência, ela evolui do nível da persona, para o do ego e para o do organismo total.
> Ken Wilber, *O Projeto Atman*

Na história das culturas, a consciência humana já foi predominantemente mítica, mágica, baseada na crença em leis divinas, teocrática. A partir de certo momento, baseou-se no *logos*, na razão, tipo de consciência que exige a capacidade, por parte de um indivíduo de observar o mundo e observar-se a si próprio. Ele se compreende por meio da autoconsciência e do autoconhecimento: toma consciência de si mesmo, tem consciência do próprio *dharma*,[21] ou de seu papel no palco da história.

Assim como um feto passa por todos os estágios da evolução biológica durante seus primeiros dias (da ameba ao anfíbio, ao réptil, ao mamífero) e depois assume a forma e estrutura hominídea a partir da qual se desenvolve, da mesma forma a consciência se desenvolve e a criança passa pelas vá-

---

[21] *Dharma* é um substantivo proveniente da raiz do sânscrito *dhr*, que significa sustentar, carregar: "É a lei, aquilo que sustenta, mantém unido ou erguido" (Heinrich Zimmer). Para Sri Aurobindo "Dharma é a concepção Indiana na qual direitos e deveres perdem o antagonismo artificial criado por uma visão do mundo que faz do egoísmo a raiz da ação, e restabelece sua profunda e eterna unidade." O *dharma* pode ser visto como um fator de agregação, que evita a fragmentação de uma pessoa ou civilização.

rias etapas: da arcaica à mágica e à mítica, até chegar à idade da razão, que se convencionou ser aos sete anos. A partir daí, essa consciência continua a evoluir no adolescente, no adulto e no idoso pelos diversos estágios – do arcaico ao mítico, ao mágico, ao racional, ao pluralista.

Com relação aos estágios de consciência, cada pessoa tem seu processo próprio. Aprende, se abastece, para num deles, fixa aprendizado, desembarca e segue adiante. Cada estágio é como uma estação. Uma pessoa pode estacionar num estágio e ali passar toda a sua vida. Outra pessoa pode evoluir de um estágio para outro, libertando-se de condicionamentos culturais e mentais. Algumas pessoas estacionam num estágio para poder internalizá-lo, amadurecer; outras avançam para estágios mais evoluídos. Para avançar de um para outro estágio de desenvolvimento da consciência, é preciso ter coragem, ousadia, liberdade, criatividade e imaginação, para não se refugiar na proteção oferecida por um estágio já conhecido. A pessoa precisa não ser infantilizada por proteção excessiva, seja familiar, seja na igreja ou no trabalho (a estabilidade infantiliza, ao proporcionar segurança sem exigência de contrapartida).

Coexistem indivíduos em diferentes estágios de consciência na humanidade. É a *conscienciadiversidade* ou a *noodiversidade*.

Ken Wilber, 1999, afirma que a religião tem a função de correia transportadora, para ajudar as pessoas a evoluírem de um para outro dos estágios de consciência. As religiões não rejeitam os estágios mágicos e míticos da consciência, diferentemente da ciência, que valoriza o estágio racional. Daí a importância das religiões no século XXI. Isso se aplica também às artes, que transcendem o racional e acolhem o intuitivo, o mágico e o mítico.

No livro *O Espectro da Consciência*, Ken Wilber diz que em cada estágio apreendem-se aspectos da realidade. A consciência ecológica inclui a percepção da unidade do indivíduo com o ambiente que o cerca e decorre de um modo de pensamento mais unitário e global. Ela corresponde a um processo de desalienação e de superação da ignorância.

A evolução da consciência é um caminho para conseguir se adaptar criativamente às mudanças da atual transição de eras. A consciência é a grande força capaz de influir no rumo da evolução no planeta. Diante da magnitude das crises ecológica e climática atuais, que constituem uma crise da evolução, é urgente ativar todos os níveis da consciência humana e mobilizar toda a energia psíquica para responder aos desafios com que nos defrontamos.

Compreender a consciência e as ecologias de forma integral facilita apreender o que constitui a consciência ecológica e quais as formas de ativá-la para potencializar seus resultados.

MEIO AMBIENTE & EVOLUÇÃO HUMANA

CONSCIÊNCIA ECOLÓGICA

Ciência sem consciência não passa de ruína da alma.
François Rabelais

CONSCIÊNCIA ECOLÓGICA INTEGRAL

O que significa ser ecologicamente consciente e como se aplica essa consciência nos âmbitos individual e coletivo, no dia a dia?

A consciência ecológica é um modo de consciência que compreende a unidade existente entre matéria, vida e consciência. Ela pode levar a uma forma amigável de relacionamento com o ambiente da escala local até a do cosmos. Pode aprender com a natureza, imitá-la e dela extrair ensinamentos para desenvolver ecotécnicas e *ecodesign*. Ela compreende que o indivíduo ou a organização integram o meio ambiente e que aquilo que ocorrer com o meio ambiente incidirá sobre o próprio indivíduo ou a própria organização.

Ecologizar a consciência supõe ter clareza sobre o papel de nossa espécie como articuladora, aceleradora, indutora, facilitadora, construtora e gestora no processo da evolução. Supõe abandonar a postura antropocêntrica e transcender o humanismo que acredita sermos o ápice e o centro da criação. Supõe colocar em perspectiva nossa espécie como uma espécie em transição. Para se ecologizar a consciência, pode-se fazer uso dos conhecimentos sobre a história do universo e sobre as múltiplas histórias menores e específicas contidas nessa história maior: as histórias das galáxias, dos sistemas solares, dos planetas, da vida, das espécies, das civilizações humanas, das sociedades, dos países, das cidades, bem como as histórias familiares e pessoais.

A relação do mundo natural com aquele criado pelo homem já foi vista como uma relação de oposição ou de integração. Afirma O'Sullivan que:

> No período que ora adentramos, procuramos uma nova intimidade para o funcionamento integrado do mundo natural. O antropocentrismo dominante da fase científica e tecnológica está sendo substituído pelo ecocentrismo por uma questão de necessidade. Estamos agora na fase inaugural desse período e testemunhamos a instituição de novos programas que visam a integrar as tecnologias humanas com as tecnologias do mundo natural. A consciência de uma ordem social superior interespécies começa a surgir. (O'Sullivan, 2004, p. 275)

A consciência ecológica se define por:
- Compreende a importância da manutenção das características essenciais do meio natural e da qualidade do ambiente motivada pelo autointeresse – por perceber que o ambiente nos sustenta e, portanto, é preciso sustentá-lo, num processo de sustentabilidade recíproca; é motivada por razões de justiça social, para propiciar a todos um ambiente minimamente saudável, um pré-requisito para uma vida saudável e com qualidade.
- Compreende que a degradação ambiental prejudica a vida e que existe a necessidade de transformar comportamentos para se cuidar do ambiente e assegurar bem-estar aos seres vivos.
- Articula a questão da saúde individual e coletiva com a saúde ambiental, pois admite que as condições ambientais podem prejudicar ou melhorar a qualidade de vida e a saúde.
- Pode ser motivada pelo maravilhamento diante das belezas da natureza.
- Resulta do despertar do *Homo sapiens sapiens* para a necessidade de um relacionamento amigável e mutuamente reforçador com a natureza.

- Extrapola o individualismo, aponta para questões coletivas e sociais, pois engloba as relações que mantêm entre si as plantas, os animais, a água, o clima em duas palavras: meio ambiente.
- Motiva um indivíduo, uma cidade ou um país a reduzirem sua pegada ecológica, sua pegada hídrica, suas emissões de carbono ou neutralizarem essas emissões, cuidando de manter seus impactos dentro de determinados limites. Entre as atitudes e modos de vida decorrentes de consciência ecológica estão a simplicidade voluntária, o conforto essencial, a autolimitação do consumo de bens materiais, a eliminação do supérfluo, etc.
- Dissolve a alienação, o bloqueio e a anestesia para perceber os danos que comportamentos destrutivos causam ao ambiente e a cada indivíduo; ela ajuda a adotar a prudência ecológica nas ações e adotar padrões de consumo compatíveis com a capacidade de suporte da natureza.
- Obriga a avaliar o bem e o mal, rompe a ignorância e a falta de discernimento moral ou ético diante das situações cotidianas.
- Compreende os ciclos e a dinâmica da natureza e a necessidade de ajustar-se ao ambiente, sem destruí-lo ou maltratá-lo. Compreende que a degradação ambiental prejudica a vida e que existe a necessidade de transformar comportamentos para cuidar do ambiente e para assegurar bem-estar aos seres vivos. Tomar consciência da crise ecológica e da crise da evolução é um pré-requisito para desenvolver ações ecológicas responsáveis, pautadas pela adoção de padrões de consumo compatíveis com os recursos naturais disponíveis. A consciência ecológica dissolve a alienação, o bloqueio e a anestesia para perceber os danos que comportamentos normóticos ou destrutivos causam ao ambiente e a cada indivíduo; ela ajuda a despertar a prudência ecológica nas ações.
- Pode limitar ou eliminar atividades que gerem mudanças climáticas ao emitirem gases de efeito estufa.
- Pode reduzir os impactos das atividades humanas sobre o ambiente, ao estimular ou regular o tipo de atividades desenvolvidas pelos indivíduos ou pela sociedade.

- Apropria-se dos conhecimentos das ciências ecológicas e lhes dá uma aplicação prática por meio da energia que move a ação ecológica.
- Valoriza o meio ambiente como o organismo total e cada um dos seres vivos como uma parte, célula ou órgão desse organismo.
- Implica em motivação para lutar, enfrentar oposição, promover justiça ambiental, um compromisso de luta socioambiental. A consciência ecológica exige disposição para enfrentar adversários, opor-se a motivações egoístas, não se refugiar no indivíduo, não se omitir, desenvolver ação social e política. Também exige perícia e capacitação para usar os instrumentos para a ação ecológica.

A dimensão épica da crise atual exige a capacidade de ativar níveis intuitivos superiores e mais vastos da consciência, e não reduzi-la apenas à ciência ou à razão.

FORÇAS PARA EXPANDIR A CONSCIÊNCIA ECOLÓGICA

A consciência ecológica se forma a partir de uma variedade de estímulos. Alguns chegam pela razão, outros pela emoção, pela intuição ou pelas sensações. A cultura é o meio em que esses estímulos se criam e difundem, por meio das artes, ciências, movimentos espiritualistas ou da filosofia.

Alguns deles impactam as emoções, tais como os traumas e medos das catástrofes; a comunicação e a propaganda, que fazem uso da psicologia e das neurociências; as crenças e valores éticos. Outros estímulos fluem pela via da mente e da razão, tais como os da tecnologia e da ciência, e os estímulos econômicos, da regulação e das políticas públicas.

a. **Choques**, **catástrofes**, **colapsos** e **tragédias** despertam indivíduos e sociedades a partir das emoções, do medo, da dor, do sofrimento, da compaixão, do instinto de autopreservação. A natureza é uma grande mestra. Por meio de desastres, ensina lições que, adequadamente aprendidas, podem levar a mudança de comportamentos individuais e coletivos. Por meio de deslizamentos de encostas, inundações urbanas e rurais, a natureza se manifesta e dá margem a que se aprendam lições de prudência ecológica e que se evitem comportamentos temerários, tais como a ocupação de áreas vulneráveis e de risco.

Alguns exemplos: as enchentes em Santa Catarina e na serra fluminense evidenciaram os riscos do desmatamento de encostas; a redução de estoques pesqueiros colapsa a indústria da pesca; a constatação da existência do buraco de ozônio sobre a Antártida e seus prejuízos à saúde humana impulsionaram acordos para controlar a emissão de gases CFC. Por meio dos desastres, pessoas e coletividades aprendem a importância de adotar práticas ecológicas. A pedagogia do susto desperta o cidadão para as consequências ambientais negativas de seus hábitos de consumo e de seu estilo de vida e para a urgência de transformá-los.

b. **Economia**. Os investimentos, preços, incentivos e desincentivos econômicos, os impostos, os orçamentos públicos e privados, a contabilidade, todos esses instrumentos de planejamento e de gestão econômica, quando aplicados intencionalmente a partir de supostos ecológicos, criam um ambiente favorável para que as atividades econômicas sejam ecologicamente amigáveis. As ciências econômicas são parte das ciências ecológicas. O cuidado com a casa menor – a *oikos nomos* da economia – deve estar inserido no cuidado com a casa maior – a *oikos logos* da ecologia (Viveret, 2006, p.14). Compreender os benefícios da biodiversidade e da estabilidade climática e os custos das perdas e das mudanças climáticas faz com que os mercados e o sistema econômico os contabilizem e precifiquem. O economista Herman Daly, voz respeitada pela sua sensibilidade ecológica, pergunta e responde:

> O que está nos provocando a sistematicamente emitir mais CO2 na atmosfera? É a mesma coisa que nos leva a emitir mais e mais de todos os tipos de resíduos na biosfera, ou seja, nosso apego irracional ao crescimento exponencial contínuo num planeta finito sujeito às leis da termodinâmica. Se superarmos a idolatria do crescimento poderíamos avançar e perguntar questões inteligentes: "Como podemos desenhar e gerir uma economia estável, que respeite os limites da biosfera? (Daly, 2008)[22]

Ele propõe, antes da busca pela ecoeficiência, valorizar em primeiro lugar a frugalidade, por meio de reforma tributária ecológica que onere o uso de recursos naturais. Assim, por exemplo, um imposto sobre o carbono provocaria, como resposta adaptativa a combustíveis mais caros, a eficiência e a redução de desperdícios. Onerar o uso de recursos naturais estimularia a frugalidade, refreando a demanda. A internalização de custos econômicos dói no bolso de quem produz danos e ajuda a construir a consciência ecológica. Daly defende que primeiro

---

[22] Disponível em: http://www.climatepolicy.org/?p=65. Palestra proferida no AMS's workshop on federal climate policy 2008.

se adote a frugalidade para então, como consequência, ter a eficiência. Pois na política energética e climática, "quanto mais se aumenta a eficiência das máquinas, maior o incentivo para que sejam mais usadas, maiores mercados terão e o resultado é que o efeito e o impacto agregados, ao invés de diminuir, aumentarão." (Ibid)

Oferecer incentivos e desincentivos econômicos é forma de induzir mudanças de comportamento. Esferas mais abrangentes induzem o comportamento das demais[23]. Como exemplo, há as leis de ICMS ecológico em alguns estados brasileiros, que incentivam prefeitos a investirem em criação de unidades de conservação ou em saneamento ambiental. É justo, também, prover acesso e repartição de benefícios para quem protege a biodiversidade. Inversamente, não se deve dar recursos financeiros a quem destrói a natureza e os bancos de desenvolvimento precisam alinhar seus créditos e financiamentos com critérios ecológicos. O corte de crédito e o fim de subsídios financeiros para quem não adota práticas sustentáveis pode ser valioso, a exemplo da Resolução nº 3.545/2008 do Banco Central, que cortou crédito para produtores rurais predatórios na Amazônia.

---

[23] Numa futura federação planetária ecologizada, a escala e os acordos globais terão maior importância, como diretrizes para todas as demais escalas.

Pratica e conceitualmente, economia e ecologia precisam se articular. A ecologização nas escolas e institutos de pesquisa econômica aplicada ajuda a redefinir conceitos de riqueza e a encontrar indicadores mais adequados do que o do Produto Interno Bruto (PIB), indicador enganoso que contabiliza como riqueza as despesas com correção de danos de desastres.[24] Uma reforma tributária ecológica, que onere o uso de recursos naturais, reduzirá desperdícios ao mesmo tempo em que pode incentivar a geração de emprego e a distribuição de renda.

A demanda econômica é movida por desejos e emoções humanas e não apenas por decisões racionais. Os desejos estão na raiz da formação das demandas e a psicoeconomia é um campo promissor.

c. A **regulação** é um caminho coletivo relevante, por meio de convenções e tratados internacionais, constituições e legislação, resoluções infralegais, normas e padrões inseridos em contratos, licitações, concorrências. Para influir no comportamento de empresas e organizações são essenciais os desdobramentos da regulação internacional. O ordenamento territorial é uma forma de regulação efetiva para prote-

---

[24] Durante o Rio+20 foi proposta a adoção de um IRI (Índice de Riqueza Inclusiva), que desconta os prejuízos ambientais.

ger *habitats* e evitar a perda tanto da bio quanto da sociodiversidade.

d. As **políticas públicas** são um dos caminhos para se aplicar a consciência ecológica coletivamente. Tais políticas devem alcançar, ao mesmo tempo, metas sociais e ambientais, justiça social e equilíbrio ecológico. Ecologizar as políticas públicas de energia, transportes, turismo, indústria, agricultura, de obras públicas resulta na redução dos impactos causados pela implantação de infraestruturas, com o reconhecimento dos limites ecológicos e da capacidade de suporte dos ecossistemas. Numa federação, tal processo ocorre na esfera federal, dos estados e dos municípios. O poder legislativo tem papel estratégico. A motivação para ecologizar a administração e o governo pode partir de pressões de fora para dentro, das organizações da sociedade civil, da imprensa, do Ministério Público. Pode vir de cima para baixo, a exemplo das pressões internacionais e sanções para quem não cumpre pactos e tratados; de baixo para cima, a partir de pressão da sociedade sobre os governantes; lateralmente, quando um setor prejudica outro com suas ações, sendo necessário harmonizá-los, como no caso do uso múltiplo das águas; de uma esfera de poder para a outra, a exemplo de quando o poder executivo é levado a cumprir decisões judiciais ou a celebrar termos de ajuste de conduta com o Ministério Público. Essa motivação também pode partir de dentro para fora, com o aprimoramento da formação e ecoalfabetização dos gestores públicos e internalização de valores ecológicos dos governantes. Gestores públicos e tomadores de decisão precisam ter ciência e consciência ecológica, pois dela emanam decisões ecologicamente responsáveis (ou irresponsáveis). O déficit na formação dos gestores precisa ser superado para que passem a operar de acordo com valores e conhecimentos ecológicos. Para ecologizar a gestão pública, precisa existir capacidade de coordenação, autoridade para induzir a colaboração e para produzir a convergência de finalidades e objetivos. Nesse campo os conselhos, comitês e órgãos colegiados têm relevante papel integrador.

e. A **tecnologia** estende os sentidos e permite penetrar em muitas dimensões do universo que de outra forma escapariam à percepção e compreensão humanas. A percepção sensorial é insuficiente, se estiver desacompanhada de conhecimento: pode-se enxergar e não compreender, pois o sentido sem o saber é cego. O saber do especialista decifra o risco e previne o agravamento do dano. Com sua luneta, Galileu demonstrou que a Terra girava em volta do Sol. Hoje, telescópios potentes revelam dimensões desconhecidas do universo; microscó-

pios poderosos penetram nos mistérios do muito pequeno e ampliam a compreensão sobre os processos ecológicos.
f. Os **sentidos**. A visão, a audição, o olfato, o paladar e o tato nos dão uma percepção sensorial do ambiente e nos alertam para diferentes tipos de poluição. Para Ávila Coimbra, eles funcionam como

Portas e janelas do organismo. Tudo o que atinge o ser vivo e nele penetra, de certa forma o faz através de um órgão sensorial, com o qual se relaciona direta ou indiretamente. São esses órgãos, então, os primeiros detectores orgânicos dos componentes da qualidade de vida. (Coimbra, 2002, p. 151)

A percepção sensorial somada ao conhecimento leva à compreensão. Assim, por exemplo, podemos nos olhar no espelho e ver uma mancha na pele, mas é o médico que identifica ali um câncer de pele. A cegueira intelectual e a ignorância científica não enxergam e nem compreendem o significado daquela mancha que se percebe sensorialmente. Os incômodos sensoriais são um forte motivador da consciência ecológica e motivam a mobilização social por melhoria das condições ambientais, da saúde e da qualidade de vida. Exemplos: mobilizações pela despoluição do ar ou ações contra a poluição sonora em cidades.

g. A **ciência**. O avanço do conhecimento científico expande a compreensão do universo e da psicologia humana, bem como dos riscos a que estamos sujeitos. A sociedade responsável precisará cada vez mais de aporte de conhecimentos e informações para garantir sua própria saúde e qualidade de vida. Atualmente, existe predisposição da população para confiar nos cientistas e técnicos que alertam, a partir do seu conhecimento especializado, sobre temas que escapam à percepção direta, como os riscos do efeito estufa, dos resíduos radioativos e de outros riscos à saúde humana e ambiental. Estamos afogados em informações, mas há uma escassez de sabedoria, observa o biólogo Edward O. Wilson em seu livro *Consiliência* (1998), que propõe a unidade do conhecimento.[25] A compreensão científica facilita a persuasão política e a pressão social sobre os tomadores de decisão. A capacidade dos cientistas de produzirem conhecimento e de promoverem sua divulgação ampla é essencial

---

[25] 'Consiliência' é uma palavra que significa unidade de conhecimento, ou um salto em conjunto do conhecimento. Estuda a concordância ou convergência de ideias e conclusões a partir de diferentes origens e campos que permitem chegar a uma mesma resposta através de diferentes caminhos. Ver Wilson, E. O. *Consilience, the unity of knowledge*, Estados Unidos: Knopf, 1998.
Outros esforços nesse sentido vêm sendo empreendidos, como os de Ken Wilber, que escreveu *Uma Teoria de Tudo* (São Paulo: Cultrix-Amana Key, 2000) e elaborou um compreensivo esquema que denominou AQAL (*All quadrants, all levels*), por abordar todos os quadrantes e todos os níveis da consciência.

para que se influencie na consciência pública e na tomada de decisões. A Avaliação Ecossistêmica do Milênio e os relatórios do Painel Intergovernamental sobre Mudanças Climáticas (IPCC) são exemplos do bom serviço que a ciência presta.

h. A **educação** em todos os níveis e faixas etárias pode ecologizar cada uma e todas as disciplinas no campo do conhecimento técnico e científico e também no campo da sensibilidade, da ética e dos valores. A educação ambiental, a educação para a sustentabilidade, a ecoalfabetização buscam fortalecer valores ecológicos e reduzir a ecoalienação. A redução da pegada ecológica e a promoção da produção e do consumo conscientes podem resultar de tal educação e sensibilização, combinadas com incentivos e desincentivos econômicos. As novas tecnologias facilitam o acesso a conhecimentos. Assim o YouTube, por exemplo, ao permitir o acesso a produções audiovisuais sem programação prévia, no horário mais adequado para cada um, é um grande instrumento de educação individualizada.

i. A **arte**. As manifestações artísticas expandem a percepção por meio da sensibilidade estética, da criatividade, da imaginação e da emoção. A arte é um poderoso meio para o desenvolvimento humano da criatividade, da inventividade, da sensibilidade. O humor é uma forma de criatividade que também atua sobre as emoções e descobre ângulos inusitados para abordar questões ecológicas.

j. A **comunicação** verbal ou escrita, a comunicação de massa, a TV e a internet facilitam e permitem que bilhões de indivíduos tomem conhecimento da crise ecológica, bem como das várias práticas, normas e experiências criadas para lidar com ela. Os gestores ambientais têm na comunicação uma ferramenta para fortalecerem a consciência ecológica em áreas pouco sensíveis.

k. **Valores éticos** ligados à solidariedade, à compaixão, à paciência, à tolerância, à importância da cooperação e das relações ecológicas harmônicas podem impulsionar a consciência e induzir mudanças de comportamento. Na atual crise evolutiva na qual estamos imersos, é fundamental a inteligência espiritual, que traz a habilidade para lidar com impasses e crises, para aprender a resolver novos problemas. Para responder à atual crise, é necessário elevado grau de autoconhecimento, independência para seguir as próprias ideias, flexibilidade, relutância em causar danos aos outros, capacidade de enfrentar a dor e de aprender com o sofrimento, de se inspirar em ideais elevados, de estabelecer conexões entre realidades distintas. Todos esses são atributos da inteligência espiritual valiosos para dar respostas conscientes à crise ecológica. A transmissão de valores ecológicos por meio de movimentos espiritualistas pode facilitar mudanças de comportamento em direção a padrões sustentáveis de consumo. Valores pós-materialistas ou neoespiritualistas são necessários à civilização do século XXI. A ética ecológica propõe a frugalidade como um valor, a austeridade no consumo, o não desperdício de recursos.

l. A **meditação** e as técnicas que harmonizam e tranquilizam a mente permitem entrar em estados de consciência mais lúcidos. No campo psíquico, emocional ou mental, práticas e exercícios permitem expandir os limites humanos, desenvolver a atenção e a atuação no agora, a concentração, a criatividade por meio das artes e das ciências.

m. **Desenvolvimento emocional**. Da mesma forma como influencia nos processos ambientais e climáticos, o ser humano é capaz de influenciar nos processos internos da consciência, no sentido do autoaprimoramento e do autoconhecimento. O equilíbrio emocional evita a "terapia do *shopping*" que ocorre quando há frustrações e situações subjetivamente mal resolvidas. O desenvolvimento do componente emocional da consciência – atuar com calma, ponderação, sem agressividade ou uso de emoções destrutivas, a disposição ao diálogo, a compreensão, a convergência são formas de atuar para reduzir os impactos destrutivos das atividades humanas sobre o clima e o ambiente.

n. **Exemplo e testemunho prático**. Cada pessoa pode ser um cogestor consciente da evolução e agente de redução de perdas ao tornar-se responsável e ao adotar estilo de vida de baixo impacto, reduzindo sua pegada ecológica, atividades e hábitos que a tornem mais pesada. Pequenos grupos de pessoas pioneiras têm experimentado formas de organização social com menos demanda sobre a energia e que promovem sua conservação. Porém, trata-se de experimentos de pequena escala. São exemplos as ecovilas e o uso da permacultura ou agricultura permanente. A vida contemplativa adotada por místicos, iogues e sábios é um estilo de vida com baixa demanda sobre os recursos naturais. A vida contemplativa muitas vezes implica intensa atividade interior e trabalho consigo próprio. Implica em atenuar o efeito das ações sobre o mundo externo, sentir e pensar mais. É uma meta que exige equilíbrio emocional e lucidez mental, autoconhecimento, capacidade de dominar as emoções, atuar e fortalecer a subjetividade. A subjetividade, focalizada em questões do universo interno, mental e psicológico lida com o intangível.

Na contramão do consumismo está o resgate de propostas de simplicidade voluntária, dos valores do conforto essencial, da sobriedade, da modéstia, da simplicidade, da austeridade feliz proposta por Pierre Dansereau. Frugalidade é sobriedade, temperança, parcimônia, simplicidade de costumes, de vida. Na sociedade ecologizada, a frugalidade significa uma mudança de consciência e de ação prática, abraçando valores por muito tempo esquecidos. Mudanças de estilos de vida, com postura menos hiperativa, a valorização da lentidão contra o frenesi alucinante e a velocidade (*slow food*, *slow is beautiful*) e a ênfase na introspecção, na reflexão e nos estudos podem contribuir para reduzir o ritmo de emissão de gases de efeito estufa e para reduzir a devastação ambiental.

A ação mais descarbonizada é aquela que se deixa de fazer. Uma resposta radical para eliminar impactos é eliminar ou reduzir radicalmente a ação: adotar a não ação, o *wu wei* taoista, saber quando se deve ou não agir, o agir pelo não agir. Reduzir viagens não essenciais, adotar estilo de vida minimalista. E atuar sobre os desejos que geram ações desnecessárias. Cada indivíduo, como consumidor, contribuinte, eleitor e profissional pode praticar ações conscientes nas decisões que toma sobre o que compra e como vive. Na ação individual podem-se catalisar mudanças, ensinar e aprender com os outros, reduzir o uso de recursos e de resíduos, tornar-se etica e politicamente ativo.

Esse conjunto de caminhos e forças para se expandir a consciência ecológica e aplicá-la na vida individual e coletiva se complementam e podem ser mutuamente reforçadores.

o. **O autointeresse** motiva muitas das ações humanas. Num planeta interligado, onde ações num determinado local produzem impactos distantes, cresce a consciência de que o interesse próprio confunde-se com o interesse do outro. Em longo prazo e numa perspectiva planetária, estes são os interesses da própria vida, de sua reprodução e da expansão da consciência. Nessa escala, somos todos terráqueos e o que ocorrer ao planeta Gaia afetará a cada um de nós. A perspectiva da catástrofe natural, como, por exemplo, a trazida pelas mudanças climáticas, ajuda a entender que, no limite, o autointeresse confunde-se com o interesse planetário.

Despertar o interesse por uma faixa de onda faz com que a consciência se sintonize e fixe a atenção nela. Há no planeta bilhões de indivíduos humanos, sintonizados em distintas faixas ou canais da consciência. Esta, por sua vez, é condicionada ou moldada por influências culturais, familiares, religiosas, do ambiente humano, social e natural. À medida que se amplia a consciência, passa-se a incluir outros aspectos no campo do interesse próprio. Percebe-se ou enxerga-se mais longe.

Na medida em que se evolui do estágio egocêntrico para o etnocêntrico (o interesse do grupo racial ou social) para o mundicêntrico (o interesse planetário) ou o ecocêntrico, o campo do autointeresse se expande e torna-se mais inclusivo.[26]

O autointeresse ampliado se aproxima ou identifica com o interesse ecológico. Enquanto a eco-

---

[26] Atualmente inúmeros recursos visuais facilitam desenvolver essa perspectiva de escala a exemplo de www.youtube.com/watch?v=17jymDn0W6U (acesso em 21-09-2012).

ação focaliza o interesse da vida e de um planeta em condições de abrigá-la, a egoação enfatiza o interesse particularista, privado, pessoal. Quando a consciência focada no ego pessoal se amplia para a consciência ecológica, percebe-se que somos parte do ambiente e o que ocorrer com ele ocorrerá também conosco.

Com a consciência ecológica, a noção de autointeresse se alarga e expande. Ecologizar o interesse é uma atitude sábia para enfrentar a atual megacrise da evolução.

O ser humano, sua inteligência e valores culturais são elementos transformadores da natureza e um ser humano evoluído melhora a qualidade dessa transformação. O indivíduo que se vê como parte do meio ambiente acredita que aquilo que acontecer ao meio ambiente terá repercussões sobre sua vida. Assim, apoiado numa noção ampliada do que seja o autointeresse, pode mudar seu comportamento e suas atitudes.

O MITO DA SUSTENTABILIDADE

> É tarde demais para o desenvolvimento sustentável;
> precisamos é de uma retirada sustentável.
> James Lovelock, *Gaia: Alerta final*

Vemos hoje um número crescente de iniciativas no sentido da adoção de práticas chamadas de sustentáveis na vida empresarial, das organizações, da sociedade. Para cada lado que se olhe, enxergamos ou tomamos conhecimento da existência de tais iniciativas.

Um número crescente de organizações sociais dedica-se a esse tema. Pressionados por tais organizações, governos aprovam leis e regulam o uso dos recursos da natureza. Atualmente, muitas empresas adotam genuinamente práticas responsáveis, em lugar de se bastarem em fazer o que se pode chamar de 'maquiagem' ou 'marketing ecológico'. Elas são expressões legítimas da decência empresarial. De uma ou de outra forma, essas empresas e organizações fazem sua tarefa. Desenvolveram métodos de ação, indicadores, relatórios de sustentabilidade que englobam o desempenho econômico, ambiental e social; empregam práticas de trabalho decente, de respeito aos direitos humanos e de responsabilidade por seu produto. Adotam a ecoeficiência e meios de produção limpos, com a redução de desperdícios de materiais e de energia, novo *design* de produtos e de processos.

Percebendo que o modo atual de vida não tem um futuro longo e se esgotará rapidamente, indivíduos, organizações, empresas e sociedades se movem para prolongar e dar uma sobrevida a situações existentes.

Não basta a abordagem da ecoeficiência na produção e a adoção de tecnologias limpas, fontes de energia renováveis e outras medidas no campo da produção, da oferta econômica. É necessária a tomada de consciência sobre os impactos do ato de consumir, que constitui uma normose socialmente aceita e frequentemente estimulada, questionável não apenas por seus aspectos éticos, mas também por suas repercussões ecológicas. É necessário aplicar o princípio da frugalidade e adotar hábitos de consumo ecologicamente responsáveis e sustentáveis.

A aprendizagem para o consumo responsável pressupõe amplo processo de ampliação da consciência, de transformação de valores humanos e culturais e de ecologização dos desejos. Da mesma maneira como o marketing, a publicidade e a propaganda atuam sobre o inconsciente e excitam o desejo de consumo, essas técnicas de comunicação também poderiam, caso houvesse consciência, vontade e impulso coletivos, promover o desejo por saúde ambiental, bem como a redução da demanda por bens cujo processo de produção é destrutivo, degradador, poluidor, emissor de gases de efeito estufa. Assim, por exemplo, pode-se contrapor à publicidade comercial – que exacerba desejos de consumo – outras forças, que neutralizem e minimizem os impulsos em direção ao desejo do consumo material, cuja satisfação pressiona a natureza.

Se nos colocarmos num ângulo de perspectiva amplo, cuja questão central seja manter a saúde de nosso planeta Gaia, emergem questões interessantes, que se ocultam se permanecemos num ângulo mais restrito de visão. Significa que podemos e devemos nos exercitar e aplicar as práticas e os indicadores de responsabilidade social e ecológica a unidades maiores – sociedades, estados nacionais, culturas, civilizações, ao planeta; ter visão holística ou global e não apenas uma perspectiva individual ou local, com foco em uma empresa, organização ou unidade de produção. Os ganhos de eficiência e de produtividade no nível de uma unidade empresarial podem ser rapidamente neutralizados pelo aumento do consumo e da demanda coletiva, o que leva a resultados negativos em termos de pressão sobre a já limitada biocapacidade do planeta. Os ganhos no nível micro não necessariamente se traduzem em ganhos no nível mais amplo. Pode, inclusive, ocorrer o contrário caso não se adotem práticas específicas e direcionadas para esses patamares mais amplos, que atingem até a escala da espécie humana e do planeta.

E o que significa atuar com responsabilidade social e ecológica em escala macro, do planeta, e não apenas de países, empresas, organizações ou indivíduos?

Essa questão é desafiadora.

O todo é mais do que a soma de suas partes. Ainda que cada parte se comportasse exemplarmente, isso não garantiria a sustentabilidade do todo.

A sustentabilidade tornou-se um chavão e um conceito *blasé*. Abusa-se demais da expressão, que fica vazia de sentido. Ela também se tornou um mito. O mito não necessariamente tem a conotação negativa ou pejorativa que o senso comum usualmente lhe atribui. Como demonstrou Joseph Campbell em *O Poder do Mito*, este tem uma função catalisadora, de unificação de uma cultura, civilização ou sociedade. Um mito também pode unificar pessoas e grupos em torno de ideias e ideais comuns. Nesse sentido, o mito da sustentabilidade tem função positiva e prospectiva. Ele tem sido uma dessas referências que permite conceber e colocar em prática metas comuns. O que quer que signifique especificamente para este ou para aquele grupo social, tornou-se uma referência produtora de agregação de atitudes de indivíduos, organizações, governos, empresas e nações. Nesse sentido, está se tornando um mito unificador, produtor de convergências, como se, ao menos idealmente, todos quisessem ou achassem desejável fazer mais com menos, num contexto de maior justiça social.

COMO DESPERTAR A CONSCIÊNCIA ECOLÓGICA EM QUEM PROJETA E CONSTRÓI O AMBIENTE?

O que faz um arquiteto projetar prédios que exigem uso intensivo de ar-condicionado, que demandam alto consumo de energia, desadaptados do ambiente natural, num clima tropical, num *design* que desperdiça recursos naturais e que provoca a emissão intensa de gases de efeito estufa?

Resposta: a) Inconsciência sobre os impactos do seu projeto. b) Inconsciência ecológica. c) Ganância: quanto mais caro o projeto, maior a remuneração do arquiteto. d) Atendimento a demandas de clientes inconscientes ecologicamente. e) Outros.

Qualquer que seja a resposta a essa questão, ela é relevante, pois o projeto e a construção do *habitat* humano e toda a cadeia produtiva da construção civil demandam muitos recursos naturais e provocam impactos ambientais e emissão de gases de efeito estufa. O IPCC – Painel Intergovernamental de Mudanças Climáticas identificou nesse setor grandes possibilidades para colaborar para reduzir as emissões de gases de efeito estufa.

Como despertar a consciência ecológica em engenheiros, arquitetos, urbanistas e demais profissionais que constroem o ambiente? Aventamos sete possibilidades para responder a esta questão:

1. Regulamentar: incluir nos códigos de obras e de edificações urbanas nos editais e termos de referência, para contratação de projetos e de obras, dispositivos que obriguem ou induzam a adoção de projetos ecologicamente sustentáveis, a exemplo do que vem sendo feito em alguns países europeus.
2. Criar incentivos econômicos para estimular o uso de tecnologias, materiais, processos e práticas de construção ecológicas e criar penalizações econômicas para práticas não ecológicas, que levem a alto consumo de energia ou à alta emissão de carbono.
3. Influenciar o mercado: o marketing, a publicidade e a propaganda atuam sobre o inconsciente e excitam o desejo de consumo. Eles também podem promover o desejo por saúde ambiental, bem como a redução da demanda por bens cujo processo de produção é destrutivo, degradador, poluidor e emissor de gases de efeito estufa. Divulgar, premiar e valorizar as boas práticas que levem a um ambiente sustentável.
4. Mudar a formação no nível básico: tanto nas escolas como fora delas, explicitar os impactos causados pela atividade humana em cada profissão, de forma que cada profissional esteja ciente de sua responsabilidade pessoal para o bem-estar global.
5. Formar pessoas com valores ecológicos: consolidar uma ética ecológica na qual a noção de bem-estar e de interesse pessoal seja expandida, tornando-se culturalmente aceita a ideia de que o bem-estar do ambiente e o bem-estar coletivo são pré-requisitos para o bem-estar individual. Ainda que as pessoas continuem a se mover por motivos individuais e pessoais, eles estão colocados numa escala que se aproxima do interesse público e coletivo.
6. Mudar a formação nas escolas de arquitetura e de engenharia: ensinar a arquitetura e a engenharia sustentáveis, o *ecodesign* e o urbanismo ecologicamente responsável, adequados para uma sociedade com baixa emissão de carbono.
7. Desenvolver e aplicar indicadores para avaliar em que medida o ambiente construído atende a critérios de sustentabilidade e de responsabilidade ecológica. Promover a certificação ecológica de edificações e espaços construídos.

Que outras ações podem despertar a consciência ecológica em arquitetos, urbanistas, engenheiros, administradores e demais profissionais que projetam e constroem o ambiente?

ECOLOGIZAR O *DESIGN*

Num mundo crescentemente urbanizado, é no ambiente construído que vive a maior parte da humanidade. Construir e manter esse ambiente demanda recursos naturais – materiais de construção, energia, água – cuja extração e processamento geram resíduos e tipos de poluição, entre eles a emissão de gases de efeito estufa. Por tal motivo o IPCC – Painel Intergovernamental sobre Mudanças Climáticas considerou na área do projeto de construções e cidades um campo promissor para se reduzir a emissão de tais gases.

A atividade humana tem transformado os recursos da geodiversidade, da bio e da hidrodiversidade em coisas: a "coisadiversidade". Para reduzir os impactos, é importante fazer mais com menos e buscar conscientemente formas de reorganizar o cotidiano. Do desejo de reduzir impactos ambientais com a organização do modo de vida até sua realização prática, existem dificuldades. Nas grandes metrópoles, muita gente precisa se deslocar diariamente até o trabalho de automóvel, por falta de outras opções no transporte coletivo urbano. Padrões de consumo de água, energia, comunicações ou de alimentos são influenciados pela organização das cidades, por estruturas construídas e instalações prediais, por cobrança da água coletiva ou por hidrômetro individualizado. Apartamentos antigos com aquecedor central requerem que a água quente flua vários metros até que chegue aos chuveiros e, nesses casos, para tomar um banho quente, é preciso deixar a torneira aberta alguns minutos. Um aquecedor solar poderia reduzir gastos de água e energia, mas sua instalação inicial tem custos altos.

A análise do ciclo de vida dos produtos – cidades, edifícios, objetos de uso – é um dos instrumentos para identificar oportunidades de redução de desperdícios. Ela considera o ciclo da extração e exploração de recursos naturais, sua transformação, uso e descarte. Usa-se a expressão "do berço ao túmulo" para designar esse ciclo. Entretanto, ele é mais amplo e precisa integrar as possibilidades pós-morte de um objeto: seu reaproveitamento e reciclagem. E precisa também incluir seu período pré-natal: antes de um bebê ir para o berço, há meses de gestação, depois da concepção. Quanto aos objetos, também há um período de concepção e projeto, antes que aquele produto venha à luz e seja disponibilizado para o público. Arquitetos, *designers* e todos aqueles que projetam objetos, edificações ou o ambiente construído têm papel crucial nessa fase pré-natal, que precisa ser incluída no ciclo de vida. Assim se traz a responsabilidade para o projeto humano e se valoriza o *ecodesign*, lembrando que a raiz da palavra *design* é a mesma de 'desígnio', 'vontade'.

O *ecodesign* – a vontade de ecologizar o projeto – é um instrumento importante para reduzir perdas de materiais e de energia, bem como para reduzir na origem o volume de resíduos e de descarte dos produtos de consumo que uma sociedade utiliza. Ele se fundamenta na ética ecológica de redução de desperdícios. É uma forma inteligente de proteger o meio ambiente, preventivamente, ao aproveitar ao máximo os recursos naturais, evitar sobras, promover o uso de tecnologias e processos de produção limpos.

O *ecodesign* se aplica em macroescala ao *habitat*, à organização do espaço e ao ordenamento do território, em estruturas coletivas. Respostas sociais de *ecodesign* coletivo podem ser eficazes para se reduzir as pegadas ecológicas de edificações e de cidades. Dentre as sociedades em que vivi, a indiana apresenta exemplos notáveis de como economizar recursos: seja por meio de posturas corporais que evitam a necessidade de objetos para comer, sentar-se, etc., seja por meio de organizações sociais, como os *ashrams* ou comunidades espirituais, com cozinhas coletivas que evitam perda de alimentos e de energia; ou pela forma como se estruturou em dezenas de milhares de aldeias parcialmente autossuficientes em água, energia e alimentos.

O *ecodesign* se aplica, em microescala, a produtos industriais. Constitui uma estratégia proativa para reduzir o consumo excessivo de recursos naturais. Por meio do desenho de produtos que leve em consideração todo o seu ciclo de vida desde sua concepção, é possível conceber formas de reduzir o volume e o peso dos rejeitos que serão gerados e, também, reduzir a pressão sobre a natureza que fornece as matérias-primas que, transformadas, resultarão naqueles produtos. Os objetos desenhados, antes de se materializarem, existem na mente e na imaginação de quem os projeta e os concebe.

O *ecodesign* permite que os componentes do produto sejam recuperados e reinseridos no ciclo econômico da produção. É uma concepção abrangente que leva em consideração não apenas os aspectos estéticos, funcionais, de segurança ou de ergonomia dos produtos, mas também sua integração ecológica, bem como a maneira com que cada um de seus componentes afeta o meio ambiente. Avalia se existem componentes que precisam ser substituídos por outros menos agressivos ao ambiente; imagina como separar os diversos componentes e dar-lhes aproveitamento depois de esgotada a vida útil do produto.

A concepção de objetos, da arquitetura e das cidades pode dar maior ou menor consideração ao aspecto ambiental. Nessa linha, a biomimética propõe imitar, quando da concepção de produtos construídos, as formas e funções encontradas na natureza, que são elegantes e econômicas. A redução de desperdício de materiais, de tecidos nas roupas, de alimentos nas refeições, de água nas atividades diárias, a conservação de energia, todos esses ganhos podem ser facilitados pela concepção do projeto.

A miniaturização no desenho de astronaves, os alimentos consumidos por astronautas, o desenho de barcos ou carros de corrida se originam do desenvolvimento tecnológico, que se difunde para objetos de uso e consumo cotidianos. O navegador Amyr Klink exemplifica como, no desenho do barco, onde cada gota é preciosa, a torneira acionada com o pé não desperdiça água. O ecodesenho de instalações elétricas e de sensores reduz gastos de luz e de energia.

Um aspecto específico do potencial social proporcionado pelo *design* é o desenho universal adotado legalmente em muitos países para promover a inclusão de pessoas portadoras de deficiências e para reduzir as barreiras arquitetônicas e urbanísticas. Cegos e pessoas com deficiências motoras e auditivas dispõem de crescentes dispositivos para atender a suas necessidades especiais de deslocamento e de uso das estruturas urbanas e arquitetônicas.

Ecologizar o *design* de produtos, de edifícios e de cidades é um modo ecologicamente responsável de atuar na concepção dos ambientes. Tal atitude pode reduzir significativamente os impactos negativos da atividade humana sobre a natureza.

Maurício Andrés Ribeiro

ESTÁGIOS DE CONSCIÊNCIA E CONSUMO DE CARNE

> Se mais norte-americanos mudassem para uma dieta menos intensiva em carne, poderíamos reduzir muito as emissões de CO_2 e também economizar vastas quantidades de água e de outros preciosos recursos naturais.
> Al Gore, *Our Choice, a plan to solve the climate crisis*

Vários estudos têm enfatizado os impactos negativos da pecuária para o ambiente e o clima. Em dezembro de 2009, o INPE – Instituto Nacional de Pesquisas Espacial divulgou um estudo que demonstra que metade das emissões de gases de efeito estufa no Brasil deve-se à pecuária, que devasta a Amazônia e agrava a crise climática. O Brasil é hoje o maior exportador de carne bovina do mundo e o rebanho bovino na Amazônia se multiplicou.

Em junho de 2009, o Greenpeace divulgou o estudo *A farra do boi na Amazônia*, que demonstrava a responsabilidade da pecuária pelo desmatamento naquela região. O relatório denunciava o fato de o banco oficial ser sócio de grandes frigoríficos que intensificaram a devastação da floresta.

Em outros países cresce a consciência dos impactos das dietas alimentares sobre o clima e o ambiente. Al Gore (2006) mostra que os norte-americanos consomem 25% de toda a carne produzida no mundo, o que se traduz em grandes quantidades de emissões de carbono e em intensificação das mudanças climáticas.

Relatório da comissão de desenvolvimento sustentável do Reino Unido, intitulado *Pondo a mesa* (*Sustainable Development Commission*, 2009), aponta os impactos da dieta sobre a mudança climática, a saúde pública, a desigualdade social, a biodiversidade, o uso da terra, da água e da energia. O estudo define os elementos de uma dieta sustentável e propõe a redução do consumo de carne e laticínios, a redução do consumo de alimentos e bebidas com baixo valor nutricional (por exemplo, alimentos gordurosos ou açucarados) e a redução no desperdício de alimentos. Sugere aumentar o consumo de frutas e vegetais, sazonais e cultivados no local; consumir somente peixes de estoques sustentáveis; aumentar o consumo de alimentos orgânicos produzidos com respeito ao ambiente. Mais de 60 anos depois da independência da Índia, que deles se libertou de forma pacífica em 1947, os ingleses valorizam a milenar dieta vegetariana. Diferentemente dos europeus e outras sociedades carnívoras, a Índia nunca precisou colonizar outros países para deles extrair os recursos que sustentassem seu modo de vida. O vegetarianismo – um dos aspectos materiais do espiritualismo indiano – baseia-se no princípio do *ahimsa,* ou não violência, que se estende também aos animais. Adotado há milênios por razões éticas e ecológicas, o vegetarianismo indiano foi um dos fatores que ajudaram a preservar a biodiversidade na Índia. A tradição religiosa contribuiu para sustentar tal hábito, ao sacralizar espécies animais e vegetais. Lá, tudo facilita a adoção desse hábito alimentar ecologica e eticamente saudável. As especiarias usadas na cultura culinária milenar motivaram as grandes navegações em busca de novo caminho marítimo para as Índias. O vegetarianismo reduz a pressão sobre a biocapacidade local e sobre a emissão de gases de efeito estufa. Quanto aos efeitos na ecologia exterior, a dieta vegetariana preserva mais o meio ambiente que a carnívora: a quantidade de água, a quantidade de insumos agrícolas e a área de terra necessárias para alimentar vegetarianos são menores que as necessárias para alimentar carnívoros.

Jared Diamond (2005) relata, conforme dito anteriormente, o caso da ilha de Tikopia, no Pacífico Sul, com 4,7 km² de território e densidade de 309 pessoas/km², continuamente habitada há quase 3 mil anos. Uma das estratégias para garantir a capacidade de sustentação do ambiente na ilha foi a mudança de hábitos alimentares, eliminando aqueles que implicam competição pelo uso da terra:

> Uma decisão significativa tomada conscientemente por volta de 1.600 d.C. e registrada pela tradição oral, mas também atestada arqueologicamente, foi a matança de todos os porcos da ilha, substituídos como fonte de proteína pelo aumento do consumo de peixe, moluscos e tartarugas. (Diamond, 2005, p. 356)

Aquilo que a Índia estruturou há milênios e o que os ilhéus de Tikopia decidiram há algumas centenas de anos pode ser uma decisão sábia a se adotar globalmente no contexto das mudanças climáticas e da atual crise da evolução. Uma das vozes que defende esse caminho é Lovelock, que observa:

> Nossos líderes, se fossem todos excelentes e poderosos, poderiam proibir a manutenção de animais de estimação e gado, tornar compulsória a dieta vegetariana e incentivar um grande programa de síntese de alimentos por indústrias químicas e bioquímicas; fazer isso apenas restringirá a perda de vida a animais de estimação e gado. É alentador que o presidente do IPCC, Dr. Pachauri, tenha recomendado uma dieta vegetariana como um caminho a seguir. (Lovelock, 2006, p. 80)

Esperar que esse tipo de decisão venha de lideranças políticas, de cima para baixo, entretanto, não é muito realista e tampouco desejável, a não ser que a própria sociedade, de baixo para cima, num exercício de consciência e responsabilidade, se transforme.

A humanidade, num planeta Terra com limitada capacidade de carga, saturado de CO_2, terá a lucidez de fazer como os habitantes da ilha de Tikopia? Ou, ao contrário, por ignorância, falta de coragem, apego ao prazer sensorial ou autocomplacência, continuará com seus velhos hábitos alimentares e suas velhas formas de vida, que agravam e tornam irreversível a situação?

A megacrise da evolução atual, da qual as mudanças climáticas são um dos aspectos, clama pela evolução da consciência humana que induza a mudanças de hábitos tão básicos e elementares como o de se alimentar.

O hábito alimentar é um campo em que cada pessoa pode reduzir seu impacto sobre o ambiente ou a emissão de gases de efeito estufa. Nas escolhas alimentares, há variações que vão de A a Z, cada uma refletindo um estágio de consciência. Uma pessoa pode ser totalmente alienada sobre um tema, superficialmente consciente, ou profundamente consciente de todas as implicações dele.

Com relação ao consumo de carne, identificamos seis situações principais:

1. Adoto hábitos alimentares formados desde a infância. Condicionado culturalmente, nunca tomei consciência deles e dos impactos que causam. Por inércia ou automatismo cultural, não os questionei. Não tenho motivação ou predisposição em mudá-los.

2. Conheço os impactos ambientais e climáticos, as dores e sofrimentos causados aos animais, além dos danos à saúde causados por minha dieta, mas não estou disposto a mudar hábitos alimentares que me dão prazer sensorial. Os custos pessoais de uma eventual mudança de dieta são mais altos do que os eventuais benefícios difusos e coletivos que a sociedade pode ter. "Reconheço que esses custos ecológicos e esse sofrimento dos animais existem, mas nem por isso vou deixar de comer meu churrasco".

Os estímulos olfativos e o paladar comandam minhas atitudes. Sou apegado aos prazeres sensoriais e resisto a argumentos racionais. Sou como o fumante que, informado dos males que o cigarro causa à saúde, não deixa de fumar.

3. Sou consciente de que a dieta provoca impactos ambientais e estou disposto a minimizá-los. Aceito o consumo de carne, desde que não destrua a floresta, não agrave a mudança climática ou o efeito estufa. Desejo que se limpe o processo de produção, que seja identificada a origem da carne na cadeia produtiva, do pasto ao frigorífico e ao supermercado. Informo-me por meio da Certificação de Produção Responsável na Cadeia Bovina da Associação de Supermercados, que controla a origem da carne consumida e evita que tenha origem em áreas desmatadas. Não compro carne da Amazônia, não certificada e que provoca desmatamentos. Focalizo essencialmente o modo como se produz e a ecoeficiência na produção. Não questiono a demanda e o padrão cultural de consumo que induzem essa produção. Sou ambientalista e sou carnívoro.

4. Questiono as dietas alimentares carnívoras, por razões de saúde humana, de devastação florestal, de consumo de recursos naturais ou de compaixão para com o sofrimento causado aos animais. Simpatizo

com os movimentos contra a crueldade para com os animais – "Os animais são meus amigos... e eu não como meus amigos.", George Bernard Shaw –, e com cientistas de ponta como o coordenador do IPCC, o indiano Rajendra Pachauri, que recomenda diminuir o consumo de carne. Admiro artistas como Gilberto Gil e Paul McCartney, formadores de opinião, que se colocam a serviço dessa causa e procuram aplicar na vida pessoal mudanças de hábitos alimentares que ajudam a transformar o coletivo de forma mais radical, profunda, duradoura e efetiva. Defendo o não consumo de carne e a redução da população bovina. Renunciei a ingerir a carne vermelha, admitindo carne branca ou peixes em algumas ocasiões sociais. Não sou inflexível ou rigoroso.

5. Pratico o vegetarianismo, não me alimento com nenhum tipo de carne, por razões da ecologia energética e por conhecer as perdas de energia que ocorrem nas cadeias alimentares, além de ter compaixão para com os animais e preocupar-me com seus efeitos em minha saúde.

6. Sou radical na dieta: não me alimento de nenhum produto animal (carne, ovos ou laticínios); sou um militante da causa do veganismo e participo de movimentos que defendem tal mudança. Alguns me chamam de radical, de xiita, de fanático.

Qual dessas situações mais se aproxima de sua vivência pessoal hoje?

As questões ecológicas, para serem respondidas com menor margem de erro, supõem a existência de informação e de conhecimento. Assim, por exemplo: conhecendo os impactos ambientais envolvidos em seu processo de produção, devo comer carne? E quanto ao arroz, que gasta muita água para ser produzido? E outros alimentos?

Usualmente, não comer carne é visto como atitude ecologicamente amigável. Mas isso se refere a um contexto não aplicável a toda a diversidade de situações em que vivem os seres humanos. Assim, por exemplo, um esquimó é levado a somente comer carne, o nutriente que existe onde ele vive. Comer vegetais, para um esquimó, teria um custo econômico alto e também um alto custo ecológico, pois demandaria transportá-los por longas distâncias, gerando gases de efeito estufa e impactos ambientais. Também na Austrália, onde há abundância de pastagens naturais propícias para a criação de gado, questões como essa se levantam.[27] Os exemplos se multiplicam, mostrando que uma ação feita com boa intenção, mas desinformada dos seus impactos ambientais diretos e indiretos, pode ser altamente não ecológica. A consciência ecológica exige uma compreensão integral não apenas do ato em si e de

---

[27] Ver o artigo http://theconversation.edu.au/ordering-the-vegetarian-meal-theres-more-animal-blood-on-your-hands-4659 (acesso em 31-8-2012).

suas consequências, mas também do contexto e da situação em que é praticado.

Um indivíduo que evolua de um para outro estágio de consciência e que adote hábitos no sentido de reduzir ou abolir seu consumo de carne faz pouca diferença no cômputo global. Mas, quando tal mudança ocorre em toda uma cultura e sociedade, com milhões (ou bilhões) de pessoas, os benefícios ecológico e climáticos podem ser significativos. Quanto mais pessoas se transportarem de um estágio ecoalienado para um estágio mais avançado de consciência ecológica e a ele ajustarem seus hábitos de consumo, mais se poderá colaborar para reduzir os impactos negativos associados às mudanças climáticas e ambientais.[28]

RESPIRAÇÃO COMO CULTURA

Respirar é um ato que todo animal ou vegetal realiza do início ao final de sua vida. Da primeira inspiração ao último suspiro, o corpo interage com a atmosfera. Mas respirar não é apenas um ato natural. A respiração consciente, os vários modos e formas de respirar, o aprender a respirar corretamente transformam esse ato elementar num ato cultural.

---

[28] Abordagem mais detalhada desse tema é feita em *Ecologizar*, Volume 1 (Brasília, 2009), pp. 246-255.

Foi durante minha estadia na Índia, nos idos da década de 1970, que tomei consciência da importância cultural da respiração. Os antigos iogues desenvolveram a prática de exercícios respiratórios como forma de concentração. Essa tradição desenvolveu técnicas de controle da respiração e modos de inspirar e expirar a energia que mantém a vida e que está presente em toda a natureza, conhecida como *prana*. As práticas de ioga utilizam diversas posturas (*asanas*) e exercícios respiratórios (*pranayamas*) para aprimorar o uso do corpo. Para a tradição indiana, o próprio universo é criado e extinto de acordo com o ritmo da respiração do deus Brahma, que, ao expirar ou inspirar, regula os ritmos universais.

Um bom controle sobre o corpo ajuda a controlar a mente e a obter maior profundidade de percepção e conhecimento. A consciência do ato de respirar, associada à vibração de um som como o "om" (som universal) durante a expiração, acalma o pensamento e a mente. Trata-se de prática que pode ser exercitada cotidianamente nos tempos de deslocamento nos transportes e nas salas de espera.

O espiritualismo da cultura indiana se ancora na matéria, vista como manifestação ou corporificação do espírito. Os fundamentos materiais dessa espiritualidade foram testados em milênios de história e deu-se muita atenção a atos elementares.

Há varias formas de se respirar, cada qual com seus efeitos sobre o corpo, sobre a mente e as emoções. O exercício de ritmar a respiração voluntariamente induz ao equilíbrio físico-emocional e aumenta a capacidade de percepção sensorial e mental.

A boa respiração reduz estresse, hipertensão e depressão; relaxa; ajuda a emagrecer; leva a um maior equilíbrio, bem-estar, flexibilidade e saúde. O estado de tranquilidade e de boa irrigação sanguínea que produz pode ser considerado uma preparação para níveis de desenvolvimento espiritual mais elevados, em que há mais percepção, mais consciência, mais harmonia na movimentação corporal e nos relacionamentos, mais segurança nas ações cotidianas, entre outras virtudes e habilidades. A maior ventilação proporcionada por uma respiração profunda pode alterar o estado corporal e de consciência. Nesse ponto, é oportuno realçar a importância da sobriedade e advertir contra abusos em exercícios respiratórios, e contra práticas como a retenção da respiração e outras manipulações perigosas para a saúde física e cerebral.

Cada atividade humana e estado de saúde se associa a uma forma de respiração. Um músico que toca um instrumento de sopro, como uma flauta, precisa ter fôlego e um controle preciso da respiração e do ar; atletas, nadadores, aqueles que desenvolvem trabalhos físicos, têm atividade respiratória e trocas de oxigênio e carbono mais intensas do que quem vive sedentariamente; a insuficiência respiratória de doentes exige aparelhos para ser compensada com a respiração artificial.

Durante a vida desaprendemos a respirar corretamente. Desenvolver a ciência e a arte de respirar faz parte de uma cultura respiratória fundamental e quase esquecida, pois toma-se esse ato apenas como um dado natural, sem refletir ou compreender sua real importância e suas variações. Na sociedade contemporânea, além de aprender a ser, a conviver, a conhecer e a fazer, a educação corporal ou física inclui aprender a respirar. A reeducação respiratória é tão importante quanto a educação dos sentidos, a tomada de consciência sobre a cultura alimentar e outras formas de aprendizagem essenciais para a vida individual e coletiva. A civilização indiana foi a que mais se aprofundou nessas ciências e artes e a que as comunicou de forma compreensível, construindo um patrimônio intangível que vem sendo revalorizado devido aos benefícios práticos que proporciona.

A pessoas de minha relação que se entediam quando não têm nada para fazer, costumo dizer: respirem... Procuro assim valorizar esse ato vital, básico, fundamental para a vida. Mas admito que esse fato desperta admiração ou curiosidade, especialmente entre aqueles que ainda não tomaram consciência da respiração como um ato cultural.

CULTURA ECOLÓGICA NA ÍNDIA

A Índia, a maior democracia do mundo, com mais de um bilhão de habitantes, tem grande diversidade de línguas, culturas e costumes e apresenta extremas desigualdades sociais e econômicas.

Hoje, a Índia é uma provedora de tecnologias da informação e de serviços imateriais, intangíveis, baseados no uso intensivo da inteligência humana.

Talvez seja, no mundo, o país mais diverso e a sociedade em que se experimentam mais explicitamente os extremos das grandezas e as misérias da condição humana. Ela absorveu, recebeu, metabolizou influências das inúmeras invasões que sofreu ao longo de sua história e as devolveu transformadas ao mundo. Princípios de sua sabedoria, como o da não violência (*ahimsa*) e o das experiências com a verdade (*satyagraha*) foram aplicados por Mahatma Gandhi na luta pela independência.

É uma sociedade secular que aceita todas as religiões. Ali, em parte se sonha e se vive na mitologia, em um universo sem limites e, em parte, há um pragmatismo quando se pratica o espiritualismo experimental, o ver para crer. A espiritualidade é profundamente ancorada na matéria, ao valorizar os aspectos físicos e corporais, os aspectos mentais e emocionais. A cabeça e o espírito da sociedade estão nas nuvens: voltar os olhos para o céu é preciso porque os fenômenos climáticos, como as chuvas das monções, determinam o resultado da agricultura, básica na economia do subcontinente indiano. Mas os pés estão na terra e assentam-se na realidade material.

A civilização indiana acumulou em sua história um repositório valioso de conhecimentos relacionados com o que se considera hoje a cultura ecológica. Esse conhecimento foi codificado em linguagem facilmente compreensível e foi transmitido de uma para outra geração por meio de mitos e tradições, bem como práticas e técnicas experimentais.

Lições podem ser aprendidas a partir do conhecimento acumulado pelos padrões da civilização indiana. Essa matriz de conhecimentos é valiosa para o mundo atual em busca de sustentabilidade. Entre os tesouros que a Índia pode oferecer para o mundo contemporâneo que necessita tornar-se sustentável, um dos mais importantes é a consciência preventiva sobre a saúde do ser – corpo, mente, emoções, sentimentos.

Outro desses tesouros é a estruturação funcional, econômica e ecológica da forma de desenhar territorialmente o corpo espacial de assentamentos humanos em centenas de milhares de aldeias parcialmente autossustentáveis.

Se olharmos apenas de maneira superficial para a situação conjuntural de hoje, enxergamos muitos problemas sociais e econômicos a serem resolvidos naquele país, muitas deformações, distorções e mau funcionamento adquiridos ao longo da história. Mas se abstrairmos a situação conjuntural e olharmos para os padrões estruturantes desenhados e colocados em prática há milênios, veremos manifestações de uma inteligência ecológica que foi valiosa para a sustentabilidade daquela sociedade.

Muitas dimensões das ciências ecológicas podem ser encontradas ali, em variadas expressões. A ecologia ambiental se expressa na sacralização das espécies. A tradição hindu sacralizou animais e os tratou como deuses (o elefante Ganesh, o macaco Hanuman, entre outros) e plantas. A ecologia energética é traduzida nos hábitos alimentares vegetarianos; a ecologia do ser foi desenvolvida e estudada com uma compreensão ampla do que é o ser humano, com seu corpo, mente, emoções e as interações entre essas dimensões, além do aspecto espiritual. Há múltiplas práticas de abordagem de questões relacionadas com o divino, estudadas na ecologia transpessoal.

Hoje em dia, há variadas versões ocidentais de educação corporal, tais como a Reeducação Postural Global (RPG) e o pilates. Há iniciativas de reeducação alimentar para crianças que incluem o conhecimento elementar sobre os alimentos ainda não processados e sobre os processos de produção e fabricação de alimentos. Há iniciativas de respiração consciente. Todas essas iniciativas tiveram manifestações pioneiras na antiga civilização indiana, que as organizou especialmente por meio do conhecimento codificado no ioga.

Ali se encontra um patrimônio de reflexões sobre a consciência, abordado de uma forma abrangente e que extrapola visões limitadas de ramos dominantes da psicologia e da ciência, que não admitem a existência de dons ou de níveis mais altos da consciência por não serem mensuráveis. Comportamentos individuais radicais, que seriam considerados loucura em outras partes, ali são socialmente tolerados, como sinais da busca de ligação com o sagrado. Os *sadhus*, que circulam nus pelas ruas, os faquires, que mortificam o corpo de forma radical, os *sannyasins*, que renunciam aos confortos materiais, são exemplos da diversidade de caminhos e escolhas pessoais socialmente aceitos e valorizados. A sociedade nutre os que abandonaram o mundo material para se dedicar a essa busca.

Um dos ideais subjetivos para a vida é o da inatividade, da vida contemplativa, com mínima interferência sobre a natureza. Reduzir ao mínimo a utilização dos recursos naturais, de objetos de consumo, alimentos, vestuário, espaço, energia e chegar à pura contemplação e observação da vida, da natureza e das coisas são meta interior ambiciosa com repercussões externas. Ela reduz os efeitos degradadores da ação sobre os valores morais e o ambiente. Valoriza-se estilo de vida minimalista, que preserva a natureza dos danos do consumo desenfreado. Uma postura minimalista significa um máximo de satisfação, felicidade, alegria, com mínimo de objetos. A atitude de desprendimento e a postura contemplativa desenvolvem um relacionamento com o mundo exterior sem sentimentos de posse sobre ele.

No que se refere à ecologia e ao meio ambiente, a Índia apresenta feições contraditórias. Por um lado, tendo se libertado da colonização inglesa em 1947, o país ainda não foi capaz de suprir o déficit de infraestrutura herdado de séculos de exploração colonial; assim, há sujeira e falta de saneamento básico em toda parte. Por outro lado, é admirável a competência da sociedade indiana para suprir necessidades materiais com mínima pressão sobre o meio ambiente. Na alimentação, adotou-se o vegetarianismo, menos impactante sobre o ambiente e o clima do que outros hábitos alimentares: a quantidade de água, a quantidade de insumos agrícolas e a área de terra necessárias para alimentar vegetarianos é muito menor que as necessárias para alimentar carnívoros. Os estudos de ecologia energética revelam a superioridade dos alimentos de origem vegetal sobre os de origem animal quanto à produtividade energética. O vegetarianismo baseia-se no princípio do *ahimsa*, a não violência estendida ao mundo animal.

Famílias de classe média e alta correspondem a apenas 20% da população. Mas nas 600 mil aldeias da Índia rural predomina um estilo de vida frugal, que demanda poucos objetos e bens de consumo para satisfazer as necessidades elementares. As pessoas educam posturas corporais para sentar-se ao chão e não utilizar cadeiras ou móveis. O mobiliário caseiro é, portanto, reduzido. Também é reduzida a necessidade de objetos como talheres, pratos e outros utensílios, pois o uso do corpo supre as necessidades. A mão direita, por exemplo, é usada para levar os alimentos à boca, dispensando talheres, enquanto a mão esquerda é usada na higiene pessoal.

Esses hábitos, seguidos por milhões de pessoas, reduzem significativamente o consumo de recursos naturais. Em relação ao vestuário, predominam para as mulheres os modelos clássicos de saris, confortáveis, que não se submetem às variações da moda; e para os homens, o *dothi*, um retângulo de tecido enrolado no corpo. A inexistência de modelagem sofisticada e complexa maximiza o aproveitamento dos tecidos e o vestuário é em geral bastante adequado ao clima tropical. O uso de calçados apropriados e igualmente confortáveis e de material durável, somado à tradição de andar descalço dentro dos ambientes domésticos, também reduz bastante o uso da energia elétrica e de materiais e máquinas para limpeza intensivos em energia, além de facilitar o trabalho humano diário.

Esses são alguns exemplos de como a forma de vida individual e na família contribui para evitar a sobreutilização dos recursos naturais.

A economia de meios para desempenhar as atividades diárias, em casa ou no trabalho, a economia de mobiliário, objetos e implementos, os hábitos alimentares vegetarianos, o uso intensivo do corpo e o modo de relacionamento com os animais, tudo isso revela uma cultura que respeita o meio ambiente e evita desperdiçar recursos naturais. Essas qualidades talvez sejam mais evidentes em uma aldeia indiana do que em qualquer outro tipo de assentamento humano, pois elas se abastecem em grande parte nas proximidades com água, energia, alimentos, materiais de construção, etc.

Na Índia, levou-se a extremos de sofisticação a relação não violenta com a natureza. Aquele país acumulou, durante milênios, amplo conhecimento de como lidar com a sustentabilidade, conceito que se encontra na raiz da palavra *dharma*, conforme dito anteriormente, que tem diversos significados. *Dharma* provém do sânscrito *dhr*, que significa sustentar, carregar: "É a lei, aquilo que sustenta, mantém unido ou erguido", observa Heinrich Zimmer no seu livro *Filosofias da Índia*. (Zimmer, 1951/1986) O *dharma* ajuda a explicar como aquela civilização se manteve durante milênios e não entrou em colapso, como ocorreu com outras sociedades mais recentes. Ela acumula um tesouro de saberes úteis para um mundo em busca de sustentabilidade. O *dharma* é um deles.

Atualmente, usam-se indicadores para aferir o quanto uma pessoa, um país ou uma sociedade é sustentável. Um dos principais indicadores é a pegada ecológica, que mostra quantos hectares de terra produtiva *per capita* são necessários para sustentar o estilo de vida de um indivíduo, de uma cidade ou de um país. Um alemão médio necessita de 4,8 hectares; um brasileiro, de 2,2 ha; um chinês, de 1,6 ha; um norte-americano, de 9,6 ha; um indiano, de 0,7 ha.; um japonês, 4,3 ha. A média mundial é de 2,3 ha. A maior pegada ecológica é do cidadão norte-americano. Se toda a população do planeta adotasse estilo de vida semelhante, seriam necessários quatro planetas Terra. Comparada com outros países, a Índia tem uma pegada ecológica 14 vezes mais leve do que a norte-americana e três vezes mais leve do que a média mundial.

Seria equivocado associar a pegada ecológica leve de um indiano exclusivamente com a miséria e o baixo consumo de bens materiais. A hipótese mais adequada é de que isso resulta das formas de organização social e familiar e de uma arquitetura funcional; de assentamentos humanos descentralizados que se abastecem de alimentos, água, energia e materiais nas proximidades, sem necessidade de grandes deslocamentos; da proximidade casa-trabalho, da mobilidade a pé, movida a energia humana ou animal; do transporte ferroviário; da alimentação vegetariana e do consumo de alimentos produzidos localmente; dos hábitos frugais de consumo e consequente baixa geração *per capita* de resíduos. Em resumo, resulta do *ecodesign* da sociedade, que reduz ao mínimo o uso dos recursos naturais, de objetos de consumo, alimentos, vestuário, espaço e energia.

Tais comportamentos e padrões de organização derivam de valores e ideias não utilitaristas e não antropocêntricas – tais como a sacralização de animais e plantas. Também resulta de consciência ecológica que se aprende culturalmente desde o berço e torna-se parte dos costumes e usos sociais, reduzindo a necessidade de que essa aprendizagem seja feita por meio da educação formal escolar. Hábitos de vida frugais, associados a um *design* social inteligente, seguidos por milhões de pessoas na Índia, reduzem significativamente o consumo de recursos naturais e compõem a combinação de motivos que ajuda a explicar a sua reduzida pegada ecológica (0,7 ha/hab) e a torna portadora de tesouros culturais valiosos para a sustentabilidade.

Apenas uma pequena parte da pegada ecológica é devida a necessidades físicas do corpo. O maior peso de uma pegada ecológica deve-se a demandas geradas no campo da mente e das emoções, ou ao fato de a organização espacial onde vivem as pessoas ser pouco funcional. Valores pós-materialistas ou neoespiritualistas induzem a atitudes de consumo material frugais que ajudam a manter a saúde ambiental.

Se imaginarmos a possibilidade de que o planeta venha a ser socialmente mais justo, com uma pegada ecológica equalizada, em que cada indivíduo tenha direito a uma área produtiva equivalente para sustentar seu estilo de vida, a Índia dispõe de uma margem de crescimento razoável de sua pegada ecológica. Isso lhe permitirá investir em infraestrutura e sanar problemas de saneamento sem pressionar significativamente os recursos do planeta. Diferentemente de nações que precisaram colonizar outros territórios para se apropriarem de recursos para atender a suas demandas, a Índia nunca precisou expandir-se e dominar outros povos. Uma pegada ecológica leve é uma qualidade valiosa em um mundo com recursos limitados e população crescente, no qual é cada vez mais necessário conservar energia, reduzir a emissão de gases de efeito estufa e descarbonizar a economia, e ao mesmo tempo viver em paz e de forma não violenta.

APRENDIZAGEM ECOLOGIZADORA

> Sou membro de uma espécie frágil, ainda nova na Terra, as criaturas mais novas em qualquer escala, presentes aqui há apenas alguns momentos na perspectiva evolucionária de tempo, uma espécie juvenil, a criança das espécies [...] Este é um lugar muito grande, e eu não sei como ele funciona.
>
> Lewis Thomas, *The fragile species*

APRENDER O SEU PAPEL OU *DHARMA*

> Já se disse que a democracia é baseada nos direitos do homem; respondeu-se que ela deveria basear-se nos deveres do homem; mas tanto direitos como deveres são ideias europeias. *Dharma* é a concepção indiana na qual direitos e deveres perdem o antagonismo artificial criado por uma visão do mundo que faz do egoísmo a raiz da ação, e restabelece sua profunda e eterna unidade. *Dharma* é a base da democracia que a Ásia deve reconhecer, porque nisso está a distinção entre a alma da Ásia e a alma da Europa.
>
> Sri Aurobindo, *Complete Works*

Paulo Freire, grande educador brasileiro, concebia a educação como um ato político que possibilita ao educando a compreensão de seu papel no mundo e de sua inserção na história. Nessa mesma linha, Edmund O'Sullivan diz que "a tarefa inicial do educador contemporâneo é 'encontrar nosso lugar na história' antes de definirmos o que a educação vai ser" (2004, p. 44).

A perspectiva histórica adotada por Thomas Berry abarca não somente a história humana ou a do planeta, mas a do próprio universo. Na história maior do universo cabem histórias menores – as das supernovas, das galáxias, dos sistemas solares, dos planetas, da vida, das células, das plantas e dos animais, do ser humano – desde a Pré-História humana até as civilizações, as nações e as sociedades. Há histórias específicas dentro de histórias gerais: as histórias nacionais, locais, de organizações, de instituições e de indivíduos integram a história da Terra, que integra a do Sistema Solar e assim por diante até a história geral do Universo. Todas são partes dessa história maior. Nesse contexto ele propõe que:

> A educação e a religião, especialmente, deveriam despertar nos jovens uma consciência do mundo no qual eles vivem, como ele funciona, como o humano se encaixa na comunidade mais ampla da vida, o papel que os humanos preenchem na grande história do universo, e a consequência histórica dos desenvolvimentos que moldaram nossa paisagem cultural e física.
> (Berry, 1999, p. 71)

No âmbito individual, educar ajuda o indivíduo a compreender seus vários papéis como cidadão, consumidor, eleitor, contribuinte, aprendiz, educador, trabalhador, cuidador e guardião do ambiente.

Na perspectiva da espécie, a aprendizagem ajuda o *Homo sapiens sapiens* a compreender seus muitos papéis na evolução, como gestor ou administrador, agente indutor, acelerador da evolução, construtor e, até mesmo, destruidor. Possibilitará a cada um compreender como nossa espécie se insere na história natural e na história do universo.

O *dharma* pode ser visto como um fator de agregação, que evita a fragmentação de uma pessoa ou civilização.

A imagem usada por Sri Aurobindo para definir o *dharma* busca a unidade diante do antagonismo artificial entre direitos e deveres: como numa fita de Moebius, (figura 7) aquilo que aparentemente se opõe torna-se o mesmo. No *dharma*, exercer uma ação é ao mesmo tempo um direito e uma responsabilidade.

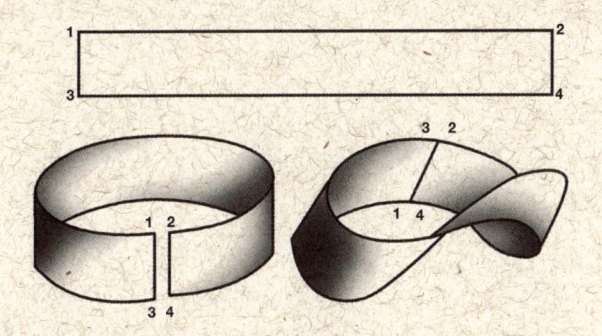

Figura 7 Fita de Moebius

Ao exercer seu *dharma*, a espécie humana – que se encontra numa encruzilhada e que enfrenta impasses quanto à viabilidade de sua sobrevivência – pode buscar meios para se sustentar na Era Ecológica que se inicia.

APRENDIZAGEM E CONSCIÊNCIA

O que aprender?

Um contexto de transformações aceleradas exige tanto aprender como desaprender e desconditionar-se. Conhecimento e práticas que eram funcionais e adequados em outros contextos passam a ser disfuncionais e destrutivos num novo contexto e ambiente. Saber o que aprender e o que desaprender, como criar novos condicionamentos mentais e como descondicionar-se de preconceitos obsoletos é um modo de evoluir que pode aumentar as possibilidades de sobrevivência.

Como se aprende? Por meio da educação, da comunicação, da informação. Uma das melhores formas de aprendizagem é a partir de boas práticas, bons exemplos, boas normas. Aprende-se por meio da imitação, da liderança, de gurus, de referências morais e éticas, técnicas, empresariais, governamentais.

Quando se aprende? Onde? Com quem?

O emissor produz informações e conhecimentos e o receptor os recebe, interpreta, toma suas decisões a partir deles.

Ideias, informação, tecnologia, conhecimentos são o produto mais nobre e sofisticado dos ecossistemas urbanos nos quais vive mais da metade da população humana. A vida urbana, assim como os modernos meios de comunicação e informação, aceleram as trocas e contatos e potencializam a produção de novos conhecimentos.

Ávila Coimbra nota que:

> Nosso modo atual de agir sobre as realidades externas é orientado por concepções do mundo armazenadas no espírito de cada um de nós desde que nos conhecemos por gente. É uma resultante de nossa educação e da educação de nossos educadores. (Coimbra, 2002, p. 204)

Há limites para a capacidade de aprendizagem individual, que podem ser expandidos por meio de infraestruturas educacionais providas coletivamente, tais como manuais, produção e distribuição de materiais de apoio, especialmente audiovisuais. Atualmente, o YouTube e os programas em vídeo constituem um poderoso meio de distribuição de conhecimentos. Os programas TED – Tecnologia, Entretenimento e Desenvolvimento – constituem um conjunto de aulas de alta qualidade sobre temas de interesse e que contribuem para a difusão de conhecimentos relevantes. Assim como as aulas dadas no âmbito da Kahn Academy, aulas sobre medicina, ioga, saúde em geral e uma infinidade de outros temas estão disponíveis no acervo de vídeos na internet.

Como instrumento para o crescimento econômico, a educação forma profissionais para atender ao mercado de trabalho e aos interesses da indústria e dos empregadores. A empregabilidade é meta da educação profissionalizante. Ela é vista como um meio para abrir oportunidades de trabalho e para reduzir desigualdades ou para melhorar a qualidade de vida. Alguns abordam a educação como treinamento para aumentar a produtividade no trabalho e a competitividade econômica de um país. Atingir metas de escolaridade torna-se um objetivo nacional, como propõe no Brasil o movimento Todos pela Educação.[29]

São metas do movimento:

- Meta 1 – toda criança e jovem de 4 a 17 anos na escola;
- Meta 2 – toda criança plenamente alfabetizada até os 8 anos;
- Meta 3 – todo aluno com aprendizado adequado à sua série;
- Meta 4 – todo jovem com ensino médio concluído até os 19 anos;
- Meta 5 – investimento em educação ampliado e bem gerido.

Trata-se de enfoque pragmático. O'Sullivan observa que "a educação formal de todas as sociedades modernas tem estado

---

[29] Para saber mais sobre o programa, acessar http://www.todospelaeducacao.org.br/ (acesso em 21-09-2012).

a serviço do Estado moderno e, atualmente, a serviço do Estado monolítico da empresa transnacional". (2004, p. 65)

A educação também é usada para a doutrinação ideológica, inculcando visão de mundo específica – como ocorre nas madraças, escolas fundamentalistas muçulmanas, e também no ensino das religiões com viés fundamentalista. A educação pode veicular ideologia autointitulada revolucionária, radical, emancipatória, libertária, em oposição a uma educação dita conservadora, repassadora de informações. Pode veicular visão de mundo utilitarista, antropocêntrica ou centrada em valores ecologicamente amigáveis.

A aprendizagem condiciona a consciência, as atitudes, ações e comportamentos, a percepção e a interpretação do mundo. O condicionamento do corpo, da mente e das emoções se faz por meio das várias modalidades de educação: científica, artística, política, filosófica, religiosa, moral, física, cívica, entre outras.

APRENDIZAGEM E NATUREZA

> À medida que os nossos recursos físicos se tornam mais escassos, também se evidencia que devemos investir mais nas pessoas – o único recurso que possuímos em abundância. Com efeito, a consciência ecológica torna óbvio que temos que conservar nossos recursos físicos e desenvolver nossos recursos humanos".
> Fritjof Capra, *O Ponto de Mutação*

A noção de ambiente abarca, além das questões locais ou globais, os processos cósmicos que influenciam nosso planeta. A importância do meio ambiente se expande, portanto, do local ao universal. A capacidade de desenvolver um relacionamento harmônico entre o ser humano e a natureza depende em parte de processos educativos.[30] Cada pessoa, em cada um dos estágios de desenvolvimento de sua consciência, compreende o ambiente à sua maneira: desde aqueles que têm uma relação mítica com a natureza, ou uma concepção mágica da relação do homem com as forças naturais, até a mentalidade moderna racional, que desenvolveu uma relação utilitarista com os recursos naturais, entre outras.

Quais os papéis da aprendizagem, no contexto da história do universo e do ser humano como gestor da evolução?

A aprendizagem é um dos caminhos para se avançar na consciência ecológica, ao reduzir as várias formas de alienação: a ecoalienação, que ignora as conexões da vida pessoal com os sistemas de suporte que o abastecem com aquilo de que ne-

---

[30] A ONU instituiu a década internacional da educação para o desenvolvimento sustentável, que mobiliza os governos, organizações internacionais, sociedade civil, o setor privado e comunidades locais para demonstrarem o compromisso prático de aprender a viver de forma sustentável. Essa década, entre 2005 e 2014, adotou como temas a igualdade de gênero, a promoção da saúde, o meio ambiente, o desenvolvimento rural, a diversidade cultural, a paz e a segurança humana, as cidades sustentáveis e o consumo sustentável. A intenção é construtiva, mas para James Lovelock precisamos hoje é de uma retirada sustentável – retirada demográfica e econômica - pois a possibilidade de um desenvolvimento sustentável já foi perdida. Essa década poderia ser reconceituada como a década da educação para a gestão da evolução.

cessita; a hidroalienação, pela qual as pessoas desconhecem o ciclo da água na natureza e no seu próprio corpo, a influência sobre seus humores e estados de espírito e a importância vital da água; a psicoalienação, pela qual as pessoas ignoram o que é a sua própria consciência e se sujeitam aos processos de manipulação social e cultural e aos condicionamentos, bem como às normoses[31] sociais antiecológicas que internalizam. A promoção da aprendizagem transformadora e do conhecimento técnico e científico, bem como a consciência sobre os impactos causados pelas atividades humanas, são relevantes para que a atual crise da evolução seja uma oportunidade para aprimoramento humano.

Hidroconsciência e hidroalienação

Na cultura brasileira, a consciência sobre a água ainda é pouco desenvolvida e existe a ilusão de que ela constitui um recurso infindável. A água é usada como depósito de lixo e resíduos. Lixões localizados à beira de rios levam os resíduos para longe nas enchentes. O rio percebido como depósito de lixo está presente na fala de uma mãe, no interior de Minas Gerais, ao deseducar a criança: "Meu filho, não jogue o lixo no quintal porque aí não é o rio!". A cultura brasileira urbana dá as costas para a água, sendo usual encaixotar os córregos urbanos e construir sobre eles vias

---
[31] Ver definição na página 130.

de trânsito, retirando-os das vistas da população. Até mesmo o Ipiranga celebrado no Hino Nacional, em cujas margens plácidas D. Pedro I bradou o grito da independência brasileira, encontra-se coberto por uma via pavimentada.

No Brasil há grande hidroalienação, pois a população urbana cada vez conhece menos sobre o ciclo integral da água, de onde ela vem quando chega na torneira e para onde vai depois de escoar pelo ralo. O cidadão urbano pobre vivencia fragmentos isolados do ciclo da água, do caminhão-pipa para o balde, e no trajeto do esgoto que escorre a céu-aberto nas favelas. O cidadão de classe média vivencia o percurso da água da torneira ao ralo ou quando se vê preso num engarrafamento de trânsito em vias urbanas alagadas.

Resulta dessa hidroalienação e da falta de investimentos que dela deriva que a principal fonte de poluição de águas é o despejo de esgoto *in natura* nos rios.

Aprendizagem sobre florestas

Florestas e árvores são grandes aliadas de quem precisa de água, ou seja, de todos nós. Ao regular o clima, absorver gás carbônico e ajudar na infiltração da água no solo, as árvores e as florestas realizam processos vitais e prestam valioso serviço. A erosão nos solos e o escoamento superficial de água em áreas sem cobertura vegetal é muitas vezes maior do que aquela que ocorre em áreas protegidas por vegetação. Com o desmate, os rios são assoreados e há perda de qualidade das águas, redução dos lençóis subterrâneos e perda de solos.

Na ausência de florestas, necessita-se de mais obras estruturantes e há menor segurança hídrica. Assim, por exemplo, quando o desmate e mau uso do solo prejudicam a qualidade da água, as empresas de saneamento passam a gastar mais com produtos químicos em seu tratamento, pois a vegetação filtra metais e matérias em suspensão na água, reduzindo a necessidade de tratamento. Os mais penalizados por esses custos são os mais pobres e vulneráveis. Preservar os serviços ambientais prestados pelas árvores e florestas é, portanto, também uma questão de justiça social e de equidade.

No Brasil, os serviços de regulação do clima são prestados em macroescala pela floresta Amazônica, sobre a qual se precipita a umidade vinda do oceano Atlântico sob a forma de chuva. As árvores bombeiam de volta à atmosfera uma parte dessa umidade, que chove novamente sucessivas vezes em direção ao oeste. Ao encontrar a barreira da cordilheira dos Andes, esse ar carregado de umidade, em verdadeiros rios voadores, dirige-se para o sul, umedecendo o Centro-Oeste e o Sudeste brasileiros. Não fosse essa umidade, o clima nessas regiões seria muito mais seco e possivelmente haveria desertos. Sem a Floresta Amazônica, a agricultura no Brasil nas regiões Central e Sudeste será seriamente prejudicada. Antonio Donato Nobre[32] nos ensina que a Amazônia pode ser vista como usina de serviços ambientais que realiza gigantescas transferências de energia, ao promover a evaporação de 20 bilhões de toneladas de água por dia, sendo um poderoso motor do clima global. Caso esse volume de água tivesse que ser evaporado por aquecimento, seriam necessárias 50 mil usinas do porte da hidrelétrica de Itaipu.

Culturalmente, a floresta é vista como algo sujo, a ser extirpado. As expressões da língua revelam tal tipo de pensamento: "limpar o mato", visto como sujeira; "campo limpo" e "campo sujo" significam, respectivamente, uma área sem vegetação e uma na qual a vegetação tenta se regenerar; "quebrar o galho" não é um ato negativo de destruição da vegetação, mas uma forma de ajudar um amigo. Até mesmo os quintais urbanos são cimentados, pois a vegetação é vista como um estorvo que dá trabalho para limpar, que atrai animais e doenças. Nessa visão cultural, vegetação, mato e floresta são sujeiras a serem removidas. Ainda não se valoriza suficientemente o fato de que as florestas prestam serviços ecossistêmicos, tanto em macroescala como em escala local.

Uma mudança de percepção cultural sobre a natureza, as águas e as florestas é necessária para que o comportamento em relação ao ambiente passe a ser mais amigável e menos

---

[32] No vídeo *Tem um rio em cima de nós*, no YouTube http://www.youtube.com/watch?v=HYcY5erxTYs (acesso em 31-8-2012).

agressivo. A valorização dos serviços ambientais prestados pelas florestas e árvores, bem como a valorização da água como algo essencial à vida, são atitudes positivas. Árvores e florestas são aliadas do ser humano na gestão das águas do oásis Terra.

A educação ecologizada enfatiza a unidade entre matéria, corpo, vida, mente e consciência, bem como a energia que perpassa todas elas. Tem como tarefa formular e disseminar valores ecológicos, considerando que as ecologias se desdobram em dezenas de modalidades. Ela pode ocorrer em várias escalas, da individual à escala global ou cósmica.

Em cada uma delas, certas pautas, temas e agendas são dominantes.

Assim, por exemplo, no âmbito individual, são temas relevantes o autoconhecimento do corpo, da mente e das emoções; a respiração consciente e a alimentação saudável, a presença de agrotóxicos nos alimentos, a qualidade da água, temas que afetam a saúde física e mental individual. No âmbito da casa, o conforto térmico, acústico ou luminoso; no âmbito do bairro, a poluição sonora, as áreas verdes de uso público; no âmbito da cidade, a saúde ambiental urbana e seus efeitos sobre a saúde humana e dos seres vivos; no âmbito regional, a gestão das águas em bacias hidrográficas; no âmbito nacional, os problemas ambientais dos vários biomas, as questões amazônicas, da Mata Atlântica, dos ecossistemas urbanos; na escala global, temas como as mudanças climáticas, poluição dos oceanos; na escala cósmica, os eventos espaciais, o lixo espacial, os riscos relacionados com o choque de asteroides ou outras ameaças à continuidade da vida no planeta.

Essas pautas múltiplas podem ser combinadas em função dos interesses e de sua aplicabilidade em contextos específicos. Também podem ser realçadas e selecionadas em função de sua utilidade por profissão ou por formação acadêmica.

A educação pode auxiliar as pessoas a compreender seus papéis, seu *dharma*, e facilitar com que a espécie humana – que se encontra numa encruzilhada e que enfrenta impasses quanto à viabilidade de sua sobrevivência – busque meios para superar-se e sustentar-se, construindo a Era Ecológica, caracterizada por uma inserção harmônica do ser humano na natureza.

A aprendizagem é um fator crucial de formação do *Homo œcologicus*, para que desenvolva sua energia psíquica de modo a superar pressões e desafios decorrentes de uma crise ambiental e climática de proporções grandiosas. Ele precisará aprender a dar respostas adequadas às questões emergentes com as quais se defronta. A aprendizagem pode habilitá-lo a desenvolver qualidades pessoais de argúcia, perícia, habilidade e ousadia para enfrentar os múltiplos problemas desse momento de transição, em que será necessário muito conhecimento para embasar as decisões corretas e necessárias e para evitar erros que podem trazer sofrimentos e ser fatais.

A educação ecológica se faz por meio da ecopedagogia, da alfabetização ecológica, da educação na gestão ambiental, da educomunicação e de uma diversidade de outras abordagens que procuram ecologizar os processos e os conteúdos educativos.

A disseminação de valores humanos construtivos é elemento essencial para promover a harmonia e a paz social e também com a natureza.

Ecologizar a aprendizagem trará para dentro dos processos de formação da consciência os valores, práticas e exercícios que permitam uma vida ecologizada.

APRENDIZAGEM TRANSFORMADORA

> Não foi demonstrado pela experiência – qualquer que tenha sido a esperança – que a educação e o treinamento intelectual, por si sós, podem mudar o homem; eles somente proveem o indivíduo humano e o ego coletivo com melhor informação e com uma maquinaria mais eficiente para sua autoconfiança, mas deixa o mesmo ego humano inalterado.
> Sri Aurobindo, *Social and Political Thought*

A educação molda o intelecto e a imaginação individuais e perpetua hábitos, costumes e tradições sociais. Mas tal processo tem seus limites como instrumento para a transformação do ser humano.

A educação transformadora promove o redesenho de conteúdos dos currículos e também a adoção de práticas que envolvam o aprendiz e transformem sua consciência e suas atitudes.

A aprendizagem transformadora é mais do que um processo de desenvolvimento das capacidades físicas, intelectuais e morais de uma pessoa ou da sociedade. Ela atua sobre as capacidades emocionais, dos sentimentos, da intuição, do espírito. A razão é importante e vem para organizar aquilo em que já se está envolvido emocionalmente. A educação da sensibilidade proporcionada pelas artes é vital para abrir a visão de mundo.

A aprendizagem pode ecologizar as consciências, por meios não apenas racionais, mas que envolvam as intuições, as emoções e os sentimentos das pessoas e organizações e por meio do envolvimento afetivo dos educandos. O envolvimento prático, emocional, afetivo é mais eficaz que o simples conhecimento intelectual, racional.

A sensibilização por meio da educação pela arte, o desenvolvimento da criatividade, o contato direto com a natureza em visitas de campo são formas de estimular essa modalidade de aprendizagem.

O esquema apresentado na figura 8 abaixo, adaptado por Lydia Rebouças do Relatório Delors (1999), integra razão e emoção, intuição e sensação, nos vários tipos de aprendizagem.

INTUIÇÃO
Fogo
Aprender a Ser
Calar

RAZÃO
Ar
Aprender a conhecer
Saber

EMOÇÃO
Água
Aprender a conviver
Ousar

SENSAÇÃO
Terra
Aprender a fazer
Querer

Figura 8 Tipos de Aprendizagem. Esquema baseado no Relatório para a UNESCO da Comissão Internacional sobre Educação para o Século XXI, intitulado Educação: um tesouro a descobrir, elaborado sob coordenação de Jacques Delors (1999).

Na sociedade contemporânea, aprender a ser, a conviver, a conhecer e a fazer acontece a partir das escolas e também, cada vez mais, a partir da disseminação de pesquisas científicas e dos meios de comunicação.

Aprender a ser, inclui ter consciência dos vários aspectos do ser, seu corpo, mente, sentimentos, emoções e espírito. A educação corporal ou física inclui reaprender e reeducar-se em atos vitais como o respirar, o alimentar-se, nas posturas corporais e no movimentar-se com o corpo. Também implica em conhecer como se formam os pensamentos e sentimentos e a lidar de modo construtivo com as emoções. A educação emocional ajuda a formar melhores pessoas para lidar com relacionamentos interpessoais, coletivos, políticos.

Em muitos países, a pirâmide demográfica está atualmente se modificando e há uma crescente população idosa que demanda serviços de saúde com custos cada vez maiores.

A carga sobre a população economicamente ativa para sustentar os custos dos sistemas de saúde, de previdência social e de aposentadorias tende a crescer e a provocar o colapso dos orçamentos públicos.

Numa perspectiva de longo prazo do ciclo da vida humana, da concepção à gestação e ao nascimento, daí à infância, à adolescência, à vida adulta e à velhice, é preciso considerar que em cada fase são necessários cuidados com a saúde, preventivos ou corretivos. A ignorância quanto aos hábitos alimentares adequados, hábitos e práticas de respiração e a posturas corporais levam, na história individual, a deformações e a doenças na idade adulta e na senilidade, com custos crescentes sobre os sistemas públicos de previdência social e de saúde. Tal déficit de conhecimento cultural sobre práticas de alimentação, de respiração, de higiene e posturas corporais que têm importância preventiva onera progressivamente tais custos.

Crianças e jovens de hoje que tenham acesso a práticas de educação para a saúde física e mental adequadas nos campos da alimentação, da respiração, da higiene e das posturas corporais serão, daqui há 50 anos, adultos e idosos que poderão onerar de modo menos pesado os serviços públicos de saúde, pois terão incorporado hábitos saudáveis ao longo de sua história de vida. Na ausência de tais práticas difundidas pela cultura ou pela educação, os problemas se acumulam e, anos ou décadas depois, resultam em doenças que demandam tratamentos custosos, com dores e sofrimento. Ao longo da vida o corpo registra a história pessoal, seus traumas e cicatrizes, tensões e adaptações deformadoras. Ele se entorta, acumula tensões nos músculos e adapta-se para se proteger da dor. Se não é bem mantido e cuidado, o corpo chama a atenção para si, por meio da dor e da doença. Assim, desde a primeira infância, deveria haver o aprendizado sobre respiração, alimentação e hábitos corretos de posturas corporais. Caso cuidado diaria e preventivamente, o organismo é menos vulnerável a doenças e menor atenção precisa ser dedicada a cuidados corretivos.

Atualmente, muitas práticas de reeducação se disseminam: a reeducação alimentar, para que a dieta deixe de ser apenas um hábito herdado e reproduzido de geração em geração e venha a se tornar um hábito cotidiano consciente de seus impactos; a Reeducação Postural Global (RPG), que relembra o indivíduo da importância de postar-se corporalmente de modo harmonioso, que não cause ou agrave deformações que danificam a coluna e outras partes do sistema ósseo; a respiração consciente, que também trata esse hábito vital como uma questão cultural, passível de ser aprendida e exercida de modo consciente.

Interessante observar que, nesses três casos, atuou o ioga milenar, demonstrando que havia na antiga civilização védica indiana a consciência sobre a importância desses cuidados com o corpo, que repercutem também na mente e nas emoções. Assim, por exemplo, a respiração consciente pode levar à harmonização física e a um estado de consciência relaxado, sem tensões e estresses.

Além desses, outros cuidados de reeducação são importantes, como por exemplo a educação para a saúde bucal, que preserva a dentição e evita focos de infecções.

Todas essas práticas levam a uma melhor manutenção da saúde física, com resultados benéficos ao indivíduo quando se torna adulto ou idoso, momento em que se manifestam muitos dos problemas de manutenção corporal, muitas dores, e o organismo dá sinais de que está para vencer o seu prazo de validade.

A educação para a saúde física dos alunos em escolas desde a creche e a educação infantil pode ser uma iniciativa valiosa, juntamente com a educação para a saúde mental e emocional, de modo a manter a integridade e a harmonia corporal com saúde, beleza e simetria. Nas escolas, práticas esportivas e artísticas tais como a música e a dança – que atua sobre o corpo, a respiração e os movimentos – são meios para se difundir a consciência do corpo e para se atuar preventivamente no sentido de manter a integridade e a harmonia corporal. A educação escolar precisa colocar ênfase em motivações, no controle emocional, na disciplina, nas capacidades de interação social, no intangível, no imensurável, no imaterial, e não apenas naquilo que pode ser medido por meio de testes objetivos e padronizados.

Tal aprendizado pode fazer-se, ainda e principalmente, por meio da comunicação, por meio da cultura, na família e na socialização de crianças. Na atual sociedade midiática, a imprensa é um dos meios de comunicação pelos quais se aprende. Do mesmo modo que o *merchandising* inserido sutil ou ostensivamente nas novelas, em filmes e no entretenimento é feito com fins comerciais, ele pode incluir mensagens que transmitam conhecimentos de educação para a saúde e induzam a exercícios e práticas saudáveis para o corpo. Nesse processo, é crucial a consciência de artistas, novelistas, formadores de opinião, que influenciam modos de vida e valores.

Ações preventivas de incorporação de tais conhecimentos, em todas as formas de transmissão cultural e educacional, são a base para construir sistemas de saúde e de previdência sustentáveis, num mundo cuja idade média das pessoas tem-se alongado, o que leva à maior proporção de idosos na população.

Aprender a conviver inclui aprender a se relacionar consigo mesmo, com o outro e com a natureza de forma não violenta, harmônica e pacífica, ainda que num ambiente e contexto de crescentes instabilidades climáticas e ambientais.

No contexto planetário, aprender que o autointeresse equivale ao interesse comum é um fator que ajuda a conviver em paz. É necessário aprender a respeitar áreas de risco e não ocupá-las temerariamente; aprender a preservar a saúde ambiental; aprender a restaurar e a recuperar áreas degradadas e aumentar sua capacidade de suporte às diversas formas de vida.

Aprender a conhecer inclui familiarizar-se com as diversas formas e modos de conhecimento, dos científicos e técnicos aos artísticos e místicos. Também significa descondicionar-se de conhecimentos herdados do passado e que se tornaram disfuncionais, aliviar-se de sobrecargas pesadas e seguir em frente com leveza.

Aprender a fazer inclui saber adaptar-se a um ambiente em transformação e a mitigar ou reduzir os impactos ambientais de seu próprio modo de vida, a reduzir as emissões de gases de efeito estufa e a degradação e a contaminação ambiental causadas por suas ações.

Trata-se de um aprendizado contínuo, permanente e progressivo, ecoalfabetizando-se e ao mesmo tempo descondicionando-se.

Em sua obra, Edmund O'Sullivan (2004) enfocou a educação centrada no aprendiz, na transformação de sua consciência, num enfoque ecológico e planetário. Enfatizou o papel do sonho e da utopia para alimentar a ação, o que hoje pode se traduzir em ter uma meta ou objetivos claros para o longo prazo, que fixem um rumo e que ajudem a orientar as ações cotidianas hoje. Na primeira parte, fala sobre a educação para a sobrevivência numa época de crises climáticas e ambientais e sobre a necessidade de saber de onde viemos e onde estamos. Na segunda parte, aborda a necessidade da visão crítica, de escolher entre visões de mundo e cenários e apostar na possibilidade de um cenário caracterizado pela inserção harmônica do ser humano na natureza, diante das tendências inerciais de um sistema que é pesado como um transatlântico no rumo de um *iceberg*. Enfatiza a importância de recuperar a visão do todo, numa perspectiva cósmica, tomando distância e promovendo o reencantamento com o mundo natural. Aborda os conceitos de progresso, crescimento e desenvolvimento, globalização, competição e consumismo, bem como a necessidade de desenvolver a resistência crítica a partir da educação. Aborda a educação para a paz, para a justiça social e para a diversidade, e a necessidade de saber lidar com o conflito e com a violência. Na terceira parte, realça a necessidade da criatividade, de trabalhar a educação num contexto planetário e cosmológico e, nesse sentido, enfatiza a importância e a função da visão ecológica e de inserir a aprendizagem no contexto da história do universo.

A educação para o desenvolvimento integral supõe desenvolver a criatividade, proporcionar a visão dos sistemas de autorregulação terrestres, a consciência planetária e ecológica: a educação para a qualidade de vida, para o atendimento de necessidades humanas, para a vida comunitária, a cidadania e a cultura cívica.

A aprendizagem permite que se desenvolva, de dentro para fora, aquilo que é criativo, original e específico de cada um, libertando ou despertando algo que nele estava escondido.

A educação para a convivência e a tolerância, o respeito à diversidade, a cultura de paz, será uma contribuição relevante para o desenvolvimento da cultura planetária e a cidadania global. Ao adotar propostas proativas, com visão ampla do futuro, ao estimular a criatividade e incentivar os projetos portadores de futuro, ao facilitar a imaginação dos aprendizes, a educação deixa de ser apenas uma reprodutora de conhecimentos do passado e condicionadora de consciências, tornando-se construtora ativa de um futuro ecologizado.

CIÊNCIAS ECOLÓGICAS APLICADAS

> A ecologia não é um curso ou um programa. Ela é o fundamento de todos os cursos, todos os programas e todas as profissões, porque a ecologia é uma cosmologia funcional. A ecologia não é uma parte da medicina; a medicina é uma extensão da ecologia. A ecologia não é uma parte da lei; a lei é uma extensão da ecologia. Assim também, em sua maneira própria, o mesmo pode ser dito da economia e até mesmo das humanidades.
>
> Thomas Berry, *The Great Work*

A ecologia é plural. Há muito deixou de ser vista em sua concepção original, como um ramo das ciências biológicas que estudava o relacionamento de animais e plantas com seu *habitat* natural. O socioambientalismo integrou as questões ambientais às sociais.

Quando o termo *ecodesenvolvimento* – formulado na década de 1970 por Ignacy Sachs e Maurice Strong – deixou de ser usado em favor da expressão *desenvolvimento sustentável*, suprimiu-se o prefixo *eco*, deixando menos explícito o aspecto ecológico.

Há muito ela deixou de ser um único ramo das ciências biológicas. Ela abarca ciências da natureza (a ecologia ambiental), ciências políticas e sociais (ecologia social) e os aspectos subjetivos. Em realidade, há dezenas de campos nos quais a ecologia se desdobra, cada um deles com um corpo próprio de conhecimentos e de aplicações: a ambiental, a humana, a da consciência; a cultural, a ecologia do ser, a profunda, a transpessoal; a ecologia política, a social, a urbana, a industrial, a agrária e da paisagem; a cósmica, a energética e a ecologia do cotidiano.

Está presente nas ciências naturais, humanas, sociais, políticas, econômicas, na cultura e nas artes, nas filosofias e nas tradições.

Uma visão integral da ecologia vai além de seus aspectos científicos e socioambientais e inclui as questões psicológicas, da mente e da consciência humana. Parafraseando o preâmbulo do ato constitutivo da UNESCO: se a destruição ecológica nasce nos espíritos dos seres humanos, é no espírito humano que podem-se encontrar respostas efetivas para lidar com a atual crise da evolução.

A ecologia teve origem na biologia. Estudava o relacionamento de animais e plantas com seu *habitat* natural. O termo 'ecologia' foi cunhado pelo biólogo alemão Ernst Haeckel na segunda metade do século XIX, para designar uma nova área de conhecimento voltado à compreensão

> do conjunto das relações mantidas pelos organismos com o mundo exterior ambiente, com as condições orgânicas e inorgânicas da existência; o que denominamos a economia da natureza, as relações mútuas de todos os organismos vivendo num mesmo local, sua adaptação ao meio que os circunda, sua transformação através da luta pela vida. (Haeckel, *apud* Vieira & Ribeiro, 1999, p. 20)

A etimologia do termo (do grego *oikos* = casa e *logos* = estudo) sugere o estudo do "lugar onde se vive", pensado em diversas escalas – da casa onde moramos à ecosfera – este "lar" que compartilhamos com bilhões de outros seres vivos, e levando-se em conta toda a diversidade de aspectos materiais, biológicos, humanos e sociais.

Felix Guattari fala das três ecologias. A ecologia diferenciou-se em vários e novos campos de atividade, que se reúnem num conceito de ecologia integral,[33] que inclui a ecologia do ser, a ecologia social e a ecologia ambiental. A ecologia integral define que a ecologia pessoal trata da saúde física, emocional, mental e espiritual do ser humano como estratégia fundamental para o desenvolvimento da paz e da ecologia integral. A ecologia social busca a integração do ser humano com a sociedade, o exercício da cidadania, da participação e dos direitos humanos, a justiça social, a simplicidade voluntária e o conforto essencial; a escala humana, a cultura de paz e não violência; a ética da diversidade, os valores universais, a inclusividade, a multi- e a transdisciplinaridade. A ecologia ambiental objetiva a integração do ser humano com a natureza, facilitando o processo de transformação no sentido da redução do consumo e do desperdício, do incentivo à reutilização e à reciclagem dos recursos naturais, bem como da preservação e defesa do meio ambiente.

---

[33] Ver http://www.ecologiaintegral.org.br, site do Centro de Ecologia Integral.

As ciências ecológicas operam transversalmente nos campos de reflexão das ciências exatas, naturais, sociais e humanas, permeando-os com nova perspectiva e ângulo de visão.

Cada uma das ecologias abre possibilidades de compreensão do mundo e de atuação sobre ele. Cada um desses ângulos realça aspectos específicos da realidade ambiental. Na visão holística da ecologia, a percepção do todo é enriquecida pela visão mais detalhada de cada uma de suas partes. Os vários campos das ciências ecológicas, cada qual com seus conteúdos e conceitos próprios, são áreas do conhecimento que, se e quando aplicados, podem nos ajudar a fazer a transição para a Era Ecológica.

Assim, por exemplo, a ecologia energética dá indicações para a escolha de dietas alimentares ecologicamente mais amigáveis; a ecologia industrial, para o aproveitamento de energia e de materiais em sistemas de produção; a ecologia humana, em temas relacionados à inserção do ser humano na natureza; a ecologia pessoal ou do ser, a formas de relacionar corpo, mente e emoção. A ecologia integral indica formas ecologicamente corretas de estar no mundo. Os fundamentos filosóficos e científicos da ecologização tornam-se mais consistentes à medida que se compreendem as várias ecologias.

Para se colocar em prática os conhecimentos das ciências ecológicas é preciso ser ecoalfabetizado, saber traduzir esses conhecimentos em ecotécnicas, tecnologias que permitem atuar de forma ecologicamente amigáveis. As ecotécnicas, tais como, por exemplo, tecnologias de baixo carbono, podem mitigar a emissão de gases de efeito estufa e reduzir o ritmo das mudanças climáticas.

Para aplicar os conhecimentos ecológicos é preciso inventar instrumentos e ter perícia em seu manejo e nos métodos participativos adequados.

Os métodos para aplicar tais conhecimentos podem ser reativos, preventivos ou proativos. Eles podem ser aplicáveis desde a microescala, individual, até a macroescala, global. Podem ser métodos colegiados e participativos, o que lhes dá mais sustentabilidade. Podem aplicar-se a áreas específicas, como as da segurança, da gestão do clima ou da água, dos assentamentos humanos, da saúde.[34]

ECOALFABETIZAÇÃO E ECOAPRENDIZAGEM

Para resgatar e valorizar a abordagem ecológica são valiosas a ecoalfabetização e a ecoaprendizagem. Culturas não letradas e não alfabetizadas já demonstraram harmonia com o ambiente. Nas civilizações letradas modernas, a ecoalfabetização é um método para codificar e transmitir valores e conhecimentos ecologizados individual e socialmente.

---

[34] Sobre métodos para a ação, ver a trilogia de Maurício Andrés Ribeiro, *Ecologizar* (Brasília: Editora Universa, 2009).

'Esverdear', 'tornar sustentável', 'ecologizar' são verbos similares, mas com significados distintos. Há vários anos o movimento verde, os partidos verdes, as ONGs verdes tinham ação pioneira. Mas a agenda ecológica é mais ampla do que a agenda verde, da biodiversidade, de florestas e áreas verdes urbanas e abarca um arco-íris de cores que vão da agenda azul das águas à agenda marrom do controle e prevenção da poluição ambiental. Esverdear a produção, os produtos, a economia, as tecnologias foi importante. Porém, além de não abarcar todos os matizes da questão, esverdear tem uma conotação de algo superficial, de uma tintura externa para mudar as aparências.

Na década de 1970 surgiu o conceito de ecodesenvolvimento, logo substituído pelo de desenvolvimento sustentável e de sustentabilidade. Hoje em dia tudo quer ser sustentável: o consumo, a produção, as empresas, a economia, a política, etc. O conceito se aplica às civilizações que souberam ser sustentáveis, a exemplo da indiana, que perdurou por milênios com baixo impacto ambiental, em parte devido a seus valores de sacralização da natureza, dos animais e plantas, de postura menos utilitarista do que a da civilização ocidental industrial. Ao mesmo tempo, o conceito tem conotação conservadora, como se fosse possível mudar um pouco para sustentar as coisas como estão, sem grandes transformações. Tornar sustentável é uma meta e objetivo para muitas atividades humanas. Mas há quem afirme, como James Lovelock, o autor da Teoria

Gaia, que já passou o tempo do desenvolvimento sustentável: precisamos é de uma retirada sustentável.

Ecologizar é aplicar os conhecimentos das ciências ecológicas e da consciência ecológica a situações práticas no dia a dia de pessoas, empresas, organizações, sociedades.[35]

Ecologizar a sociedade é uma revolução silenciosa semelhante à que ocorreu com a informatização. Todos e cada um dos campos da atividade humana se informatizaram, a partir dos anos 1970, em ritmo crescente e cada vez mais rápido: a indústria, governos e ONGs, os serviços, o comércio, os transportes, as comunicações, as profissões. Da mesma forma como a sociedade se informatizou no século XX, ela se ecologiza no século XXI.

Tudo pode ser ecologizado: o pensamento, o discurso e a comunicação; as atividades, da escala global à individual; os desejos, o capital, o consumo, a vida, as profissões e disciplinas acadêmicas; a educação, a cultura, a ciência, a tecnologia, os currículos e as disciplinas; as crenças e as convicções; os sentidos, os sentimentos, os afetos e as paixões, a imaginação, a cosmovisão, a vontade; o pensamento lógico ou intuitivo, as palavras e discursos; os valores, atitudes e comportamentos individuais ou coletivos; os estilos de vida e as vivências; as demandas, o capital, a economia, os impostos, o consumo; a sociedade, a família; a imprensa, a comunicação e a publi-

---

[35] *Ibidem.*

cidade; os governos, a administração pública, as empresas, os bancos, escritórios, fábricas; a indústria, a agricultura, os serviços; o direito, as profissões; as cidades, os planos diretores, a legislação e as normas; o ordenamento territorial, a gestão das águas; a política e as políticas públicas de segurança, saúde; a moda, a arquitetura. E assim por diante.

Mas existe hoje um déficit de compreensão do que seja ecologia. Entendimentos rudimentares a associam a animais, plantas e sua relação com o ambiente em que vivem. Alguns a associam com a concepção biológica, pois a ecologia se originou nas ciências naturais no século XIX. Ao longo do século XX ela se ramificou em inúmeros campos – ecologia humana, ecologia cultural, ecologia política, ecologia social, ecologia energética, ecologia profunda ou do ser, etc. Para se ecologizar é preciso compreender a ecologia de forma ampla e não reduzida apenas à sua dimensão biológica: pois a própria ecologia, a partir de sua origem nas ciências biológicas, desdobrou-se em vários campos nas ciências sociais, humanas, exatas e nas artes. Somos ainda ecoanalfabetos, na concepção de Fritjof Capra, sendo necessário um esforço de ecoalfabetização.

A ecologização já vem ocorrendo. Em vários campos, sociedades, organizações e indivíduos já vêm se ecologizando, por meio da adoção de princípios e valores ecológicos; por métodos de ação coletivos e participativos, de estratégias e planejamento de longo prazo e também pela invenção e pelo uso de instrumentos adequados.

A ecologização vem ocorrendo por meio de uma multiplicidade de pequenas e grandes ações em todos e cada um dos setores da economia, da administração pública, das profissões e ramos de atividade, da sociedade. Ela adota formas de pensar e de comunicar menos agressivas ao ambiente, menos danosas, mais harmonizadas com os processos naturais, disseminando um modo de ação individual ou coletivo, realizado em várias escalas, do local ao global.

O livro *Alfabetização ecológica – a educação das crianças para um mundo sustentável* (2006), elaborado por Fritjof Capra e um grupo de professores e pesquisadores, relata as visões culturais e indígenas, bem como experiências práticas de ecoalfabetização. Os autores constatam que há deficiências no conhecimento sobre a ecologia e propõem que, por meio da alfabetização ecológica, as crianças se familiarizem com os conceitos e as práticas ecológicas e compreendam o impacto que seus hábitos e estilos de vida provocam sobre o ambiente natural e social.

Entre as experiências mais inspiradoras realizadas nesse campo na Califórnia, Estados Unidos, está a de repensar e colocar em prática alternativas para a merenda escolar. Todas as pessoas precisam se alimentar e esse ato básico cotidiano é fundamental também como instrumento pedagógico e educacional. Ao colocar a merenda como foco de atenção, podem-se rastrear todas as etapas do processo produtivo e das tecnologias que possibilitam que ela chegue ao prato das crianças. Os alimentos produzidos localmente reduzem os gastos de energia envolvidos nos transportes de longa distância.

As crianças podem visitar os locais de cultivo de hortas e componentes de sua merenda, conhecer o quanto de água, de terra, de agrotóxicos, de sementes, de tecnologias são necessários para produzi-la; acompanhar seu transporte, processamento, preparo na cozinha; conhecer as perdas de alimentos ao longo do sistema de abastecimento alimentar, até o seu prato. Podem aprender sobre o valor dos alimentos frescos e sem agrotóxicos para a saúde das pessoas, da terra e da água; sobre a economia de energia, sobre o solo e sua qualidade; a importância da água e do ar, dos nutrientes. Também podem saber sobre a economia rural, o comércio e a produção local e sobre a segurança alimentar e hídrica. Depois da merenda, podem acompanhar o destino dado às sobras, para onde é levado o resíduo, se ele é reciclado ou reaproveitado. Todo o ciclo do alimento, da origem a seu destino final, pode ser conhecido do ponto de vista técnico e científico, e também do ponto de vista econômico. Também pode ser estudado o seu trânsito pelo corpo, como os dejetos humanos são tratados nos sistemas de esgotos e devolvidos ao sistema hídrico. Indo um pouco além, as crianças podem aprender sobre ecologia energética e as perdas de energia que ocorrem quando se passa de um para outro nível na cadeia alimentar, o que mostra a sabedoria ecológica de dietas alimentares vegetarianas.

Nas experiências realizadas na Califórnia, a reflexão sobre a merenda escolar levou a decisões de se privilegiar alimentos produzidos localmente, de forma orgânica, o que gerou aumento de renda e de emprego para os produtores rurais nas proximidades das escolas. Isso foi um subproduto positivo daquelas experiências.

A aplicação de um enfoque análogo em escolas brasileiras pode ser inspiradora, contribuindo para gerar renda para a agricultura familiar e para os produtores orgânicos. Entretanto, essa proposta pode se deparar com dificuldades inesperadas. Numa mesa redonda realizada numa cidade no interior de Minas Gerais, foi levantado o tema da merenda escolar e sua importância na ecoalfabetização. A diretora da escola revelou, então, que poderia haver dificuldades em mudar o sistema de abastecimento da merenda escolar, pois a escola tem orçamento apertado e a cantina escolar funciona como fonte de renda suplementar. A cantina vende para as crianças produtos industrializados, anunciados na TV e que têm grande demanda. A mudança para uma merenda escolar orgânica e produzida localmente pelos produtores rurais do município poderia causar perda de receita vital para as escolas.

Outras situações como essa podem revelar-se quando se colocar em foco a merenda escolar como tema para a ecoalfabetização. As dificuldades revelarão a teia de interesses já estruturada e apontarão para a necessidade de desenvolver meios e instrumentos para superá-las.

A ecoalfabetização é um pré-requisito para lidar com a atual mudança ambiental e climática, pois dela podem decorrer mudanças de comportamento e atitudes sociais e individuais. A partir dela podem-se infletir tendências.

ECODRAMA E CULTURA DE PAZ

A gestão ambiental envolve interesses divergentes. Encontrar formas de mediar conflitos e de resolvê-los de forma não violenta é atitude útil num mundo em transformação acelerada. A população crescente tem demandas cada vez maiores sobre os recursos da natureza. Alguns deles não são renováveis e se tornam cada vez mais escassos.

Na vida real, em situações críticas e extremas, dramas ambientais se transformam em tragédias. Atraem a atenção e geram escândalos ou espetáculos midiáticos. A maior parte dos dramas ambientais envolve tensões de baixa intensidade. Passam relativamente despercebidos, mas prejudicam a qualidade de vida e desarmonizam a convivência humana. São exemplos de tais conflitos as tensões nas áreas urbanas devido ao barulho nas vizinhanças e também, nas áreas rurais, as tensões associadas à disputa pela água.

Os ecodramas são representações teatrais de situações de conflitos ambientais. São um modo lúdico e leve de promover a compreensão sobre os diversos interesses envolvidos nos temas ambientais e de usar a criatividade para solucioná-los. Ecodramas são ecoterapias de grupo em que a representação dramática ajuda a expandir a consciência ecológica.

Por meio deles, a solução de conflitos ecológicos se beneficia dos conhecimentos da cultura de paz. A arte torna-se veículo para expandir a consciência ecológica. O ecodrama é instrumento pedagógico e educacional. Sensibiliza e leva à tomada de consciência dos temas ambientais e dos conflitos neles envolvidos. Induz à consequente mudança de hábitos e de atitudes.

Música, dança, teatro, expressão verbal e literatura são manifestações artísticas aplicadas num ecodrama. Ele estimula a imaginação, a espontaneidade, a criatividade artística, a desinibição de representar papéis diante do grupo. Tem papel liberador, sendo um caminho de investigação para a consciência ecológica. Permite a expressão e dramatização de conflitos de forma lúdica e comunicativa.

A encenação de peças teatrais sobre temas ambientais ajuda a expressar os vários interesses em jogo. Para lidar com conflitos e disputas de interesses no campo da gestão ambiental, essas teatralizações são reveladoras. Da mesma forma como os psicólogos, por meio de psicodramas e cosmodramas, simulam as relações entre diversos atores, os ecodramas revelam tensões e conflitos existentes no cotidiano humano.

Os ecodramas trabalham com conflitos envolvendo temas que geram estresse. Os temas ambientais escolhidos para a encenação são aqueles mais próximos da vivência pessoal dos aprendizes: o lixo, o silêncio e a poluição sonora, as áreas verdes, a poluição do ar, etc. Se os participantes atuam sobre temas globais, podem-se focalizar assuntos como a energia nuclear, os transgênicos, uma transposição de águas de uma bacia para outra.

Os hidrodramas são esse tipo de teatralização aplicado a situações em que a água é o foco da atenção e dos conflitos. O hidrodrama retrata situações de disputa pela água entre diversos usos: agricultura, abastecimento humano, saneamento, turismo, indústria, hidrovia, pesca. Além dos usuários, simula a atuação dos órgãos gestores, comitês e agências.

Ecodramas e hidrodramas retratam conflitos relacionados com a convivência de interesses divergentes numa vizinhança local, regional ou nacional. Nos ecodramas, cada pessoa assume um papel e se coloca no lugar de outros atores: um é o ambientalista, outro é o cidadão reclamante, ou o poluidor, o fiscal, a polícia ou outros atores sociais. Esse distanciamento ajuda a tomar consciência do ponto de vista de um ator distinto e a melhor compreendê-lo.

Na fase de preparação, o diretor do ecodrama sugere os temas aos participantes. Também sugere alguns dos papéis em que devem atuar. Propõe que se organizem em grupos de acordo com o tema de seu interesse e que preparem uma pequena história sobre aquele tema. Esses grupos concebem as situações e como cada ator se comportará. Ali se definem os personagens e protagonistas: alguns deles têm relação com a situação real do grupo, outros são produtos da ficção e da fantasia. Pode haver inversão livre de papéis e deslocamento dos papéis desenvolvidos pelos atores na vida real. Desvestem-se os papéis pessoais, cria-se clima de liberdade, de distanciamento da situação real de vida e de envolvimento com outro papel social. A preparação e a representação provocam o envolvimento pessoal com os papéis representados. Os participantes do ecodrama se envolvem emocionalmente e com sensibilidade nos seus papéis e, com isso, têm uma percepção vivenciada das situações de conflitos que surgem na vida real.

Cada ator traz para a narrativa os conhecimentos de que dispõe sobre o tema e também o que imagina possam ser as respostas para os conflitos focalizados. O processo de preparação e criação das histórias do ecodrama é animado, com algazarra, risos, alegria, diversão.

Em seguida, cada *sketch* é apresentado para o restante do grupo. A representação envolve criatividade, arte, capacidade de representar papéis, apresenta como resultado clima de leveza no ambiente. O teatro ajuda a criar uma atmosfera lúdica para os temas ambientais e ecológicos, que frequentemente envolvem conflitos sérios.

Outra fase do ecodrama é o compartilhamento das experiências da representação. Os integrantes do grupo revelam aos demais aquilo que sentiram ao representar seus papéis. Cria-se empatia com as situações vividas e capacidade de compreendê-las com menos prejulgamentos e preconceitos. Descondiciona-se a mente dos papéis e das máscaras da vida real. A mudança emocional e dos sentimentos pode provocar transformações que ajudam a resolver situações de conflitos.

A gestão ecológica precisa da razão e dos estudos técnicos; também necessita da sensibilização e comunicação possibilitadas pelas artes e pelas emoções que mobilizam. O ecodrama ajuda a compreender e a valorizar a *eco-ação*. Os atores distanciam-se da *ego-ação*, movida por interesses econômicos ou de poder, por sentimentos de orgulho, vaidade, inveja, competição. No ecodrama os atores colocam seu talento, conhecimentos e criatividade a serviço da cultura de paz e da promoção de uma convivência humana harmoniosa.

ATITUDES DIANTE DE TRAGÉDIAS

São variadas as reações diante do anúncio de tragédias. As atitudes diante de situações catastróficas e de eventos extremos, tais como secas e inundações, variam da paralisia à ação consciente; da histeria à omissão e ao cinismo; da rendição, resignação e aceitação à raiva e indignação por ser vítima de tal destino; da adaptação que busca a sobrevivência à compaixão diante dos diretamente afetados pelo sofrimento decorrente das catástrofes.

Desenvolver a atitude correta pode significar a diferença entre a sobrevivência e a morte.

As tradições espirituais pregam a oração e as virtudes humanas que ajudem a reduzir a dor. Quem se sente impotente para atuar diante de cenários catastróficos recolhe-se, apela para Deus e a ele entrega seu destino. A esperança da salvação diante do apocalipse faz transcender, ao crer que os puros, os bons, os justos se salvarão. Em seu samba *E o mundo não se acabou*, assim se expressa Assis Valente: "Anunciaram e garantiram que o mundo ia se acabar/ Por causa disso minha gente lá de casa começou a rezar." Outra reação é a de curtir o aqui e agora, como também canta o sambista:

> E sem demora fui tratando de aproveitar
> Beijei a boca de quem não devia
> Peguei na mão de quem não conhecia
> Dancei um samba em traje de maiô

Nessa linha do *carpe diem*, conta uma história oriental que um homem caiu num precipício e agarrou-se num cipó. Embaixo, um leão esfomeado o aguardava; acima, um ratinho roía o cipó. Ao lado, na rocha, havia uma parreira com uvas maduras. Ele soltou uma das mãos, colheu uma uva, provou-a e exclamou: "Que delícia!"

Por outro lado, a perspectiva de uma catástrofe pode provocar pânico, desespero, ansiedade e depressão, bem como reações emocionais de negação. Ao aterrorizar as pessoas, as previsões de catástrofes paralisam as reações, produzem sensação de impotência, de não ter o que fazer, de medo do futuro. Um rato fica hipnotizado diante da cobra que se prepara para devorá-lo. Alertas de catástrofes climáticas e ambientais podem causar reação paralisante. Romper tal paralisia cria condições para agir.

Para além da reação emocional, a iminência da catástrofe é vista como desafio a ser vencido, cria motivação para luta, para desenvolver a astúcia, a inteligência, a resistência. Com calma, vem a aceitação da situação e a consciência da necessidade da adaptação, o desenvolvimento de estratégias de sobrevivência que exigem encarar a situação com coragem. Esse tipo de reação pragmática mobiliza ações, seja a de buscar a salvação individual ou coletiva, na esperança de se proteger e escapar da catástrofe, seja a de prevenir, criar sistemas de alerta para, se possível, evitar que o desastre aconteça. Define metas e as traduz em ações que garantam o seu cumprimento.

A percepção da iminência da catástrofe mobiliza a ação e desperta a consciência, especialmente de grupos mais esclarecidos. No caso das mudanças climáticas, isso vem ocorrendo com os alertas dos cientistas e a pressão crescente sobre as lideranças políticas. Eles denunciam o déficit de consciência ecológica dos governantes, a ganância e o egoísmo.

Reconhecer os perigos à frente, acender luzes amarelas de alerta e de emergência é um primeiro passo para lidar com as tragédias anunciadas. Assim, por exemplo, cientistas convencidos dos riscos que representam eventuais colisões com outros corpos celestes montam sistemas de previsão e de prevenção.

As catástrofes são pedagógicas e ensinam, porém à custa de sofrimento e dor. Diante do desastre ocorrido, surge uma atitude de compaixão, ajuda e cooperação entre vizinhos atingidos. Por outro lado, surgem episódios de saques por parte de predadores oportunistas.

Conhecer as reações humanas antes de catástrofes, durante e após elas é valioso num mundo em que estamos expostos a situações potencialmente trágicas.

Algumas previsões anunciam tragédias grandiosas, globais, planetárias, com o colapso das civilizações que pode ocorrer devido às mudanças climáticas e à extinção da biodiversidade. Filmes como *A Era da estupidez* ou *O Dia depois de amanhã* dão forma a esses cenários. Alguns colocam em dúvida se é verdadeiro o diagnóstico da iminência da catástrofe, tal como os céticos em relação a mudanças climáticas ou aqueles que negam a responsabilidade humana por tais mudanças. Nessa linha, continua Assis Valente:

> Acreditei nessa conversa mole
> Pensei que o mundo ia se acabar
> E fui tratando de me despedir

E constata, em tom de frustração, que tudo não passava de alarme falso:

E o tal do mundo não se acabou

Um problema de dimensões colossais não pode ser enfrentado apenas por meio da ação individual ou de pequenos grupos. Num Titanic que afunda ou num avião em queda, o passageiro tem pouco a fazer para evitar o desastre; ações preventivas deveriam ter sido tomadas anteriormente.

Na iminência de um colapso climático, já bem próximo, a união planetária é forma de fortalecimento mútuo. Iniciativas de superação de conceitos nacionais de soberania e de construção de federações supranacionais apontam nessa direção. Por meio delas desenvolve-se a cooperação e a solidariedade, superam-se divergências menores em prol da sobrevivência, numa ação convergente em que cada um faça a sua parte e não se omita. Como construir tal convergência num contexto de interesses conflitantes é um desafio penoso a ser superado, como mostram as difíceis negociações relacionadas com as mudanças climáticas.

As ações preventivas tomadas a tempo podem evitar a ocorrência da tragédia anunciada. A mudança de atitudes pode criar outro futuro possível.

CENÁRIOS: RUMO A QUAL ERA?

> Todos nós temos nosso trabalho particular. Temos uma variedade de ocupações. Mas além do trabalho que desempenhamos e da vida que levamos, temos uma Grande Obra na qual todos estamos envolvidos e ninguém está isento: é a obra de deixar uma Era Cenozoica terminal e ingressar na nova Era Ecozoica na história do planeta Terra. Esta é a Grande Obra.
>
> Thomas Berry, *The Great Work*

Matéria, vida e consciência constituem sucessivamente, o aspecto central das grandes etapas da evolução.[36] Durante bilhões de anos predominou a matéria; durante milhões de anos a vida nas eras zoicas (Paleozoica, Mesozoica, Cenozoica, do grego *zoo* = vida animal). Durante alguns milhares de anos, vem predominando nossa espécie de *Homo sapiens sapiens*, nesse período que, por isso, é chamado de Antropoceno. Explode a população humana e de rebanhos bovinos, suínos e outros animais que servem de alimento aos humanos.

Estamos em transição para qual era na espiral da evolução, a partir das rápidas transformações atuais?

---

[36] Ken Wilber distingue matéria, vida, mente, alma e espírito.

Alguns cenários possíveis são sugeridos, conforme o quadro 4 mostra:[37]

Quadro 4 Cenários de eras possíveis

- Era Eremozoica – E.O. Wilson
- Era Tecnozoica – Thomas Berry
- Era Cosmozoica
- Era Psicozoica - Daniel Bell
- Era Ecozoica - Thomas Berry e Brian Swimme
- Era Noológica
- Era Ecológica

A continuar a perda de biodiversidade, caminhamos ruma à Era Eremozoica, a era da solidão, na qual o ser humano, tendo dizimado grande parte das demais espécies, viverá em um ambiente biologicamente empobrecido. A tendência atual poderá nos levar para ela, na visão do biólogo de Harvard Edward O. Wilson (1998). As espécies continuarão a serem extintas, tornando o *Homo sapiens sapiens* cada vez mais um ermitão e um biocida.

Thomas Berry (1999) visualiza a Era Tecnozoica, na qual o ser humano, tendo se apropriado dos recursos da geodiversidade (minerais) e dos vegetais e dos animais, pro-

---

[37] Numa visão de cenários prospectivos mais detalhados, a Avaliação Ecossistêmica do Milênio, estudo de fôlego concluído em 2003, propõe quatro cenários: orquestração global, ordem com força, mosaico adaptável e tecnologia ambiental.

cessa-os industrialmente e transforma-os em objetos ou coisas (a "coisadiversidade"), em máquinas, nos resíduos e no lixo decorrentes ao findar sua vida útil.

Complementar a essas visões, há o cenário da Era Cosmozoica na qual a vida animal, humana e de outros seres espalha-se no cosmos. Ela se alinha com a hipótese da panspermia,[38] de que a vida tenha se originado fora do planeta. As viagens espaciais, com a construção de estações orbitando em torno da Terra, a transmigração e a colonização de Marte são exemplos dessa visão cosmozoica. Nesse cenário, o ser humano é um ermitão no cosmos.

Nos anos 1970, Daniel Bell, de Harvard, previu uma era do conhecimento, que denominou Psicozoica, a era da espécie humana com seu psiquismo e subjetividade.

A Era Ecozoica foi proposta por Thomas Berry e Brian Swimme em seu livro sobre a história do universo, lançado em 1992, ano da Eco-92. Propuseram que nosso papel e o de nossos filhos é alinhar nossa vida pessoal com a grande obra de gerenciar a árdua transição de uma Era Cenozoica terminal para a era emergente.

Os cenários da era Eremozoica e Tecnozoica são inerciais. São tendências que se realizarão caso não exista uma intervenção ecologicamente consciente. Focalizar as causas

---

[38] Panspermia é a hipótese de que as sementes de vida estão em todo o Universo e de que a vida na Terra propagou-se a partir de uma dessas sementes. Cometas seriam portadores dessas sementes de vida.

subjacentes e básicas da crise ecológica exige uma visão e uma ação abrangentes, como propõe o cenário da Era Ecozoica.

A obra de construí-la requer mudanças em todos os aspectos da sociedade humana e é precedida de um projeto generoso. Pessoas, ideias, imaginação, ferramentas, energia, métodos e materiais adequados são necessários para tamanho projeto. O cenário da Era Ecozoica exige consciência e ação ecológica na direção de uma evolução conscientemente projetada e construída. Nela, os seres humanos vivem em um relacionamento mutuamente reforçador com a comunidade maior dos sistemas vivos. Para realizar-se, catalisa convergências e a energia psíquica, vital e física, coletiva e individual. A grande obra coletiva implica fortalecer modos de relação harmônicos com o ambiente que nos nutre e com as demais espécies, bem como relações harmônicas intraespecíficas (sociais, políticas, econômicas) e dissolver ou reduzir a importância de relações desarmônicas ou antagônicas.

Nesse contexto afirma Thomas Berry que:

> "O tempo chegou no qual nós precisamos, em certa medida, guiar e energizar o processo por nós mesmos." Nossa responsabilidade para com a Terra não é simplesmente para preservá-la, é estar presente na Terra em sua próxima sequência de transformações, ao "despertar a energia psíquica necessária para desmantelar nossas estruturas destrutivas atuais tecnológico-industriais-comerciais e criar um modo mais benigno de sobrevivência econômica para toda a comunidade da Terra. (Berry, 1999, p. 97)

O quadro 5 apresenta os principais entendimentos sobre a Era Ecozoica a partir das propostas de Berry & Swimme.

Quadro 5 Doze entendimentos sobre a Era Ecozoica[39]

A natureza do universo

1. A unidade do universo: o universo como um todo é uma comunidade interativa de seres inseparavelmente relacionados no espaço e no tempo. Desde seu início, o universo teve uma dimensão psíquico-espiritual. O universo é uma comunhão de sujeitos e não uma coleção de objetos.
2. Modos de expressão: o universo se expressa em todos os níveis por meio da comunhão (intimidade, inter-relacionamento), diferenciação (diversidade) e subjetividade (interioridade, auto-organização).
3. Cosmogênese: o universo é uma realidade criativa, emergente, evolutiva que se desenvolveu desde o tempo do clarão primordial e ainda está se desenvolvendo, por meio de uma sequência de transformações irreversíveis.
4. Terra: a Terra é uma doação atual na história evolutiva do universo.
5. O dilema atual: os efeitos da atividade humana na Terra se tornaram tão pervasivos e invasivos que a sobrevivência e saúde da comunidade terrestre agora se apoiam em decisões tomadas e ações feitas por humanos.
6. Transição para a Era Ecozoica: é necessário nos movermos do atual período tecnozoico, no qual a Terra é vista como um recurso para o benefício dos humanos, para uma Era Ecozoica, na qual o bem-estar de toda a comunidade viva da Terra seja o principal objetivo.

---

[39] Esses entendimentos opõem a Era Tecnozoica à Era Ecozoica. Mas elas não se opõem, são complementares. Propõem um mito unificador, a Era Ecozoica. Mitos unificaram o presente a partir do passado; o que unifica o futuro são projetos comuns unificadores, que ativam energias individuais e coletivas em direção a uma obra comum.

Três componentes-chave

7. A Nova História: a Nova História, a narrativa do desenvolvimento evolutivo do universo desde o clarão inicial até a emergência da Era Ecozoica, provê um mito unificador para todas as culturas humanas e uma base para a ação comum na realização da Era Ecozoica.
8. Biorregionalismo: cuidando da Terra em suas divisões geobiológicas relativamente autossustentáveis, reorienta-se a atividade humana, ao desenvolver modos sustentáveis de vida, construindo comunidades humanas inclusivas, cuidando dos direitos das outras espécies e preservando a saúde da Terra, da qual toda a vida depende.
9. Espiritualidade ecológica: a presença do mistério primordial e o valor da natureza e da Terra como uma só comunidade sagrada proveem a base para revitalizar a experiência religiosa e curar a psique humana.

Quem contribui de forma especial para a Era Ecozoica

10. Mulheres, povos indígenas, a ciência, as tradições humanísticas e religiosas. A sabedoria das mulheres, dos povos indígenas, da ciência e das tradições clássicas humanísticas e religiosas terá um papel importante ao redefinir conceitos de valor, sentido e realização e ao estabelecer normas de conduta para a Era Ecozoica.
11. A Carta da Terra: a Carta da Terra provê um conjunto abrangente de valores e princípios para a realização da Era Ecozoica.

A Grande Obra

12. A Grande Obra: a obra épica ou Grande Obra do nosso tempo é dar à luz a Era Ecozoica. É uma obra na qual todos estão envolvidos e da qual ninguém está excluído, e vai requerer mudanças em todos os aspectos da sociedade humana. O destino da Terra depende dela; nela se depositam as esperanças para o futuro.

Fonte: http://www.claudiocrow.com.br/ecozoica.htm s/d.

Em 1993, Duane Elgin publicou *A dinâmica da evolução humana* (Cultrix, SP) em que faz uma projeção inspiradora. Observa ele que, em seguida à etapa dos homens caçadores-coletadores e à Era Agrária, o *Homo sapiens sapiens* chegou à Era Industrial, em que a sociedade é dominada por uma visão de mundo materialista e intelectual. Em seguida:

> Graças à consciência reflexiva em escala civilizacional pelo uso criativo dos meios de comunicação, os humanos podem distanciar-se e enfrentar a tremenda pressão ecológica gerada pela Era Industrial. (Elgin, 1993, p. 207)

Duane Elgin antevia, então, o cenário da crise climática cuja solução pressiona por um esforço convergente. Ele visualiza, uma vez superada essa crise climática, uma era de solidariedade global na qual:

> A compaixão social torna-se a base prática para a organização de uma civilização em escala planetária. Graças ao profundo senso de solidariedade e dedicação, a humanidade se esforça para construir um futuro sustentável fundado no desenvolvimento coletivo. Há grande empenho em restaurar o ambiente global. (Elgin, 1993, p. 207)

Como etapa seguinte, ele visualiza uma era de equilíbrio entre criatividade da espécie e unidade, em que a civilização planetária deixa de preocupar-se com a própria manutenção e tenta superar-se; o observador passa a ser um partícipe plenamente envolvido (Elgin, 1993, p. 207)

E, enfim, se estabelece uma civilização do saber em escala planetária. Como anteviram Brian e Swimme, nossa espécie tem a missão de levar adiante uma grande tarefa única e comum da qual depende a continuidade de nossa vida: "realizar a transição de um período de devastação humana da Terra para um período no qual os seres humanos estariam presentes no planeta de uma forma mutuamente benéfica" (Berry, 1999, p. 11)

Tais visões expressam o desejo e a esperança desses autores ou constituem passos inexoráveis na dinâmica da evolução humana?

Como no mito hindu da dança do deus Shiva, estamos num processo de destruição criadora. A Era Cenozoica está sendo demolida para dar lugar a uma nova etapa na história. O período antropoceno em que vivemos é uma etapa de transição entre essas duas eras.

Alguns futuros possíveis podem ser visualizados a partir de tendências e hipóteses, vontades e processos adaptativos e criativos. Entre eles, alguns futuros são mais prováveis do que outros. Nos processos evolutivos em curso no planeta, há forças exógenas, cósmicas, algumas compreendidas pela nossa espécie e outras ainda não compreendidas. Podemos atuar sobre algumas e redirecionar tendências, alterando a intensidade das forças, reduzindo a força das relações desarmônicas de antibiose, predatismo, canibalismo, parasitismo, escravagismo, competição.

As várias forças em ação – econômicas, políticas, das ideias e da imaginação – alteram a possibilidade de ocorrência das previsões. O pensamento, a palavra, os valores, a imaginação, o desejo podem mobilizar, entusiasmar, magnetizar. Algumas dessas forças resistem à mudança em direção a um cenário-alvo desejado; outras puxam nessa direção. A força das ideias, a clareza e a lucidez da formulação científica e técnica, bem como a capacidade de comunicação e a articulação de forças políticas para colocá-las em prática podem influir para atingir o cenário desejável da Era Ecológica e afastar a possibilidade dos cenários mais prováveis das eras Eremozoica ou Tecnozoica. A força das ideias, a clareza e a lucidez de sua formulação científica e técnica, bem como a capacidade de articulação e empoderamento de forças políticas para colocá-las em prática pode, portanto, aproximar do cenário ideal desejável as hipóteses mais prováveis.

As tendências podem ser redirecionadas quando se altera a intensidade das forças, mudando o rumo da evolução e dos futuros possíveis e prováveis.

A próxima era será construída a partir da evolução da consciência humana, fator crucial para quebrar tendências inerciais. Para evitar o colapso e a catástrofe, será fundamental o aprimoramento da consciência, pois o ser humano passou a ser gestor da evolução neste planeta. A evolução será influenciada por suas ações, por suas atitudes e comportamentos, individuais ou coletivos.

A ERA ECOLÓGICA

> Nossa tarefa é ajudar a acelerar a evolução humana.
> Sri Aurobindo, *Complete Works*

O que motivará a humanidade a se engajar numa obra coletiva hercúlea em longo período de tempo, que supere a mudança climática e a crise da evolução biológica a ela associada?

No passado, projetos e obras grandiosos mobilizaram vultosos recursos humanos, tecnológicos, de conhecimento, econômicos. A unificação da Europa e a grande muralha da China foram motivadas pela busca da segurança. Um grande motivador coletivo da construção das catedrais foi o sentimento religioso. Foi necessário pagar a subsistência de cada trabalhador, financiar, arrecadar e investir recursos para que essas obras fossem realizadas e completadas com sucesso.

Quando uma cidade ou um país se candidatam a sediar as Olimpíadas ou a Copa do Mundo, desenvolvem esforço intenso de preparação. Investem em transporte, segurança, infraestrutura, nos aspectos sociais e nas sinergias para alcançar aquela meta. Seus governantes são induzidos a saírem da gestão do dia a dia, a cooperarem e a produzirem convergências. Os esforços são monitorados e auditados para que as ações necessárias sejam efetivamente realizadas.

Diante da perspectiva de colapso da civilização, mais uma vez a busca da segurança poderá motivar a construção coletiva de respostas. Para superar esse momento de ruptura na evolução será crucial a expansão da consciência humana, pois o ser humano, com suas atividades, tornou-se um gestor da evolução.

As motivações para adotar essa postura construtiva podem ser o esclarecimento e a lucidez; o autointeresse esclarecido e ampliado para confundir-se com o interesse planetário; e o instinto de preservação da espécie.

Acreditar num projeto possível move energias e motiva para o esforço coletivo. A visão ou o sonho de um objetivo comum realizável catalisa ações num rumo convergente.

Na Era Ecológica (a da consciência intuitiva complementada pela consciência ecológica) o futuro é parcialmente projetado e construído por decisões tomadas intencional e conscientemente. No cenário da Era Ecológica, o ser humano tem uma atitude colaborativa com a natureza, conforme a visão da "sustentabilidade recíproca": o ser humano sustenta a natureza e, por sua vez, o mundo natural sustenta o ser humano.

Na Era Ecológica, a Terra é a unidade política básica e a ação em cada uma de suas partes – nações, estados, sociedades, cidades, empresas, indivíduos – se insere em um objetivo comum maior: a saúde do planeta, da qual depende a saúde dos sistemas vivos e a própria vida humana.

Na escala planetária, projetar e construir a Era Ecológica são uma obra coletiva. O cenário da Era Ecológica pode ser considerado pelos realistas e pragmáticos como um delírio, uma utopia inalcançável, uma visão, um desejo, um sonho, uma fantasia diante das catástrofes atuais e do que consideram ser a realidade da natureza humana. Para outros, sonhadores, idealistas, visionários ou evolucionistas, é um projeto em construção, no qual uma parcela crescente dos seres humanos contribui com sua consciência e seu trabalho, sua postura, intenções e atitudes; um projeto de futuro construído coletivamente por meio da ação consciente e responsável.

Eras Geológicas		Milhões de anos
Ecológica		Hoje – até?
Cenozoica		Hoje – 65
Mesozoica		65 – 245
Paleozoica		245 – 570

Figura 9 As eras zoicas e a Era da consciência.

A Era Ecológica depende de uma relação amadurecida do ser humano com o meio ambiente, dos filhos com a mãe Terra, ancorada em alto grau de consciência. Nesta era a nossa espécie, premida pela necessidade de sobreviver, precisa aprender a conviver de forma benigna e mutuamente reforçadora com o planeta. Este é percebido como Gaia, um ser vivo com sistema nervoso autônomo e no qual a espécie humana atua como a massa cinzenta de seu cérebro: o cérebro global, na concepção de Peter Russell.

No projeto e na construção da Era Ecológica, nossa espécie, o *Homo sapiens sapiens* é um agente central. O advento desta era depende diretamente da forma como evoluir a consciência dessa espécie. De outra forma caminharemos rumo às outras possibilidades de tendências inerciais já mencionados: a Era Eremozoica ou a Era Tecnozoica. A utopia de evitar o colapso civilizatório e o retorno à barbárie reduz os riscos associados a tais cenários.

A Era Ecológica demanda sentido de unidade juntamente com a noção de cidadania planetária e respeito à diversidade, tolerância étnica, disposição para uma cultura holística voltada para a paz, abertura para os avanços científicos e tecnológicos. Para construí-la será necessário aplicar à vida os conhecimentos das ciências ecológicas[40] e ecologizar a evolução biológica e cultural.

A Era Ecológica é um mito unificador e uma meta unificadora. A adoção de metas unificadoras para a espécie contribui para mantê-la una, evitar sua cisão e partição, para orientá-la nesta fase crucial da evolução.

---

[40] Diz o *Dicionário ecológico Tupinambis* que "em princípio, pode-se definir ecologia como o estudo das relações dos seres vivos entre si e com o meio ambiente. Mas isso seria muito pouco para caracterizar a importância e a abrangência do que seria a ecologia hoje – a força motriz de uma mudança radical na atitude do ser humano civilizado perante a natureza. Célula geradora de movimentos políticos e sociais e semente de um novo olhar com relação à vida, ao homem e ao planeta, a ecologia nasceu ainda no século XIX modesta e restrita, como uma disciplina científica umbilicalmente ligada à biologia. Nos últimos trinta anos do século XX, porém, o impacto da ecologia nas decisões políticas, econômicas e sociais de todos os países do mundo passou a ser brutal. Hoje, a força de mudança da ecologia só tem paralelo à da informática".

Acelerar a evolução humana, especialmente o desenvolvimento de sua consciência, ajuda a construir a Era Ecológica nesta conjuntura de crise da evolução.

TEMPO DE AGIR

O que fazer diante das diversas crises atuais?

O que eu, como pessoa individual, ou nós, como pessoa coletiva, podemos e devemos fazer?

Como visto anteriormente, o *Homo sapiens* mantém vários modos de relações ecológicas e interações com os demais de sua espécie, com outras espécies e com o planeta que o hospeda. Algumas dessas relações são harmônicas, outras são desarmônicas. A simbiose e o comensalismo são relações harmônicas em que ambos os organismos recebem benefícios e atuam em conjunto para proveito mútuo.

No campo das interações com os demais de sua espécie, as relações desarmônicas podem ser de guerra, de confronto e de conflito violento ou não violento, de dominação, de submissão, de dependência, de manipulação; na interação harmônica sobressaem as relações de diálogo, de cooperação e parceria, de enriquecimento mútuo, de aliança.

Dois grandes tipos de ações são possíveis: minimizar os efeitos da crise ou adaptar-se a ela.

Entre as medidas de mitigação que procuram reduzir o risco do colapso, incluem-se aquelas relacionadas com mudanças de padrões de produção e de consumo que reduzam a emissão de gases de efeito estufa, com a criação de unidades de conservação e a proteção a espécies ameaçadas de extinção. Como a mitigação é insuficiente, pois as crises já estão em curso, cabem medidas de adaptação.

A capacidade de adaptação é a habilidade de ajustar-se para aproveitar as boas oportunidades ou lidar com as consequências de um ato. Ela reduz a vulnerabilidade e o nível de suscetibilidade para lidar com os impactos adversos das transformações ambientais, entre elas a perda de biodiversidade e as mudanças climáticas. Quando a vulnerabilidade é alta mas a capacidade de adaptação também o é, são menores os danos. Para promover relações harmônicas entre o ser humano e o ambiente é necessário reforçar as relações de simbiose e de adaptação. Da mesma forma, pode-se promover a desadaptação e a desarmonia do ser humano com os aspectos doentes do seu meio cultural e social.

Para mitigar os efeitos das transformações ambientais e para promover adaptação a elas são úteis acordos internacionais, mudanças na governança global, ações de governos nacionais, das empresas, das organizações da sociedade civil e de cidadãos compromissados.[41] Interação e diálogo podem produzir sinergias entre os governos, iniciativa privada e organizações da sociedade civil. Da mesma forma, são cruciais as transformações no consumo e nos estilos de vida, bem como no *design* de objetos, edificações, cidades e *habitats* inteiros.

Vários problemas simultâneos e interligados exigem a atuação sobre cada um e sobre todos eles, com coragem, perseverança, vontade política. As escalas de ações possíveis variam do micro – o indivíduo, a vila, a cidade – ao macro, na escala do planeta e do cosmos. Diante da gravidade desses diversos problemas, é bem-vinda toda ação em toda escala – da global, nacional, regional, setorial, local, bem como governamental, corporativa, individual, comunitária, etc. – que contribua para preveni-los ou para promover a adaptação da sociedade aos seus efeitos inevitáveis. Nenhuma iniciativa é descartável, especialmente aquelas – como, por exemplo, as mudanças em atividades humanas e nos padrões de produção e consumo – que ofereçam respostas para mais de uma das crises.

Cada pequena mudança individual (tal como nas revoluções moleculares) e uma transformação grupal, social, coletiva são necessárias, mas serão insuficientes caso fiquem na superfície. Metamorfoses mais profundas são essenciais para

---

[41] Para um abrangente diagnóstico da crise atual e modos de dar respostas a ela, ver Lester R. Brown, *PLANO B 4.0* (Earth Policy Institute, Edição brasileira: New Content Editora e Produtora Ltda. e Ofício Plus Comunicação e Editora Ltda. São Paulo, 2009).

fazer frente aos desafios dessa mega transição. Nesta perspectiva, é fundamental não nos iludirmos com modificações triviais (e muito menos com o *greenwashing*, a maquiagem verde, a propaganda pela sustentabilidade, os discursos oportunistas), como se fossem suficientes para darem conta da situação que temos pela frente.

Confrontada com uma dinâmica planetária em transformação acelerada que traz tremendos desafios, nossa espécie está sendo pressionada a desenvolver o que tem de melhor para prosseguir sua jornada evolutiva. Cada um e todos precisarão fazer o melhor daquilo que sabem e podem fazer. Será necessário muito conhecimento para embasar as decisões sobre qual é a ação correta e necessária e para evitar erros que podem trazer sofrimentos e se mostrarem fatais.

Para além da economia verde ou sustentável, nossa espécie é induzida a transcender na qualidade dos seus padrões de conhecimento, no modo de relacionamento entre as pessoas, no campo político e ético. Essa metamorfose exige ir além do desenvolvimento científico e tecnológico possibilitados pela razão e pelo intelecto, sendo necessária uma mudança constitutiva do ser, do corpo, das emoções e da mente, da alma e do espírito. Isso implica transformar valores, com reflexos na vida cotidiana, nos modos de construir e organizar-se o espaço e a sociedade. Envolve o cultivo da atitude de atenção, de abertura ao diálogo, espírito de cooperação e respeito à diferença, tanto para adaptar-se às novas circunstâncias ambientais e sociais quanto para criar situações inéditas que favoreçam a vida humana e as demais formas de vida.[42]

Em cada papel que desempenhamos como pessoas abrem-se possibilidades de ação: como eleitores, elegendo representantes responsáveis e conscientes; como consumidores, reduzindo hábitos de vida predatórios; como cidadãos, apoiando movimentos e organizações que pressionem por mudanças nas políticas públicas, pela redução do parasitismo e das relações predatórias como a corrupção; como profissionais, desenvolvendo os instrumentos regulatórios, econômicos, de ordenamento territorial e socioculturais para mitigar a crise; e assim por diante.

Diante da crise ecológica, há uma multiplicidade de respostas, condicionadas pela diversidade de experiências e histórias de vida, de percepção, de consciência ou de prioridades sobre o que fazer.

É relevante estudar, aprender e compreender a situação; divulgar e comunicar, falar sobre ela.

Propõem-se algumas diretrizes gerais para essas respostas:

- Conhecer e desenvolver a ecologia do ser, na linha da metamorfose dos sujeitos, e aplicá-la na vida cotidiana em atos como os de respirar, alimentar-se, exercitar o corpo, ter consciência das emoções, estimular os pensamentos positivos.

---

[42] Sobre ética ecológica e valores humanos, ver Ribeiro (2009).

- Aplicar aos relacionamentos interpessoais os princípios da tolerância, ética, honestidade, não violência.
- Reduzir a pegada ecológica (hídrica, energética, de carbono), o peso de seu próprio impacto sobre o planeta.
- Compreender o funcionamento dos ecossistemas e adaptar-se ao contexto, com seus recursos materiais, ou procurar restaurá-lo.

Além das transformações pessoais, são relevantes a ação por meio das políticas públicas e a atuação coletiva em movimentos que acelerem a transformação social e política. A ecologização da administração pública leva o tema ambiental a ser internalizado em cada setor de atividades: agricultura, indústria, saneamento, habitação, obras públicas, transportes, uso do solo, lazer e turismo, ação social, educação, cultura, saúde, segurança e defesa civil, entre outras. Para ecologizar a gestão pública é indispensável dispor da capacidade de articulação e de coordenação, autoridade para induzir a colaboração e para produzir a convergência de finalidades e objetivos. A articulação intersetorial e o estabelecimento de compromissos, envolvimentos e mobilização de todas e cada uma das áreas dos governos é forma de exercitar a ecologização governamental. Nesse campo os conselhos, comitês e órgãos colegiados têm relevante papel integrador.

A ecologização das políticas econômicas tem poderoso papel indutor. Algumas formas de alinhar economia e ecologia são: a limitação de crédito para empreendedores antiecológicos; limitações aos bancos públicos para investirem em empresas ecologicamente destrutivas; reforma tributária ecológica, que onere o uso de recursos naturais e desonere o trabalho que ofereça incentivos para atividades e empreendimentos ecologicamente amigáveis, desincentivando empreendimentos destrutivos. Para tanto há vários instrumentos na política econômica – creditícia, fiscal e tributária, de investimentos, monetária, de preços. Em todas as esferas, os conselhos de desenvolvimento econômico e social precisam ser ecologizados.

Pode-se lidar com as desigualdades socioeconômicas a partir da pegada ecológica, como indicador de sustentabilidade. Se imaginarmos um planeta mais justo no qual cada indivíduo tenha direito a uma quantidade equivalente de terra produtiva para sustentar seu estilo de vida – ou seja, uma pegada ecológica equivalente – seria necessário promover uma equalização da pegada ecológica entre países, cidades e indivíduos, em busca de uma pegada média. Para tanto, deveria ser buscada a redução do peso da pegada ecológica acima de 2,3 ha/*per capita*, a média planetária. Isso poderia ser alcançado por meio de taxação progressiva de países e de indivíduos com alto peso em termos de pegada ecológica, de consumo de bens materiais, com alto componente de carbono. Também pode ser eficaz uma redução de taxação para países e pessoas com pegada ecológica leve e o fomento ao aumento da pegada ecológica em itens essenciais como saúde e educação, em serviços e bens intangíveis e imateriais para pessoas e países com pegada ecológica mais leve.

Para que nossa espécie continue sua aventura evolutiva, é necessário ecologizar sua relação com a Terra e com as demais espécies vivas, o que significa recuperar respeito e reverência pela natureza e aprender com as maneiras como ela atua.

Caminhar em direção a uma federação planetária ecologizada é um campo promissor, pois leva a tomar a Terra como unidade política básica, à qual devem estar submetidos os interesses nacionais e regionais específicos.

A metamorfose humana, a adoção de padrão de consumo de bens materiais minimalista, a redução de demandas supérfluas, tudo isso implica em mudar desejos, paixões, necessidades, vontades; em suma, transformar as consciências e as energias que movem a ação humana.

Os seres humanos, com sua tecnologia e cultura, podem alterar o rumo da evolução da vida no planeta, da evolução do planeta e sua própria evolução, do *Homo sapiens* a um ainda virtual *Homo œcologicus*.

BIBLIOGRAFIA

AEM (AVALIAÇÃO ECOLÓGICA DO MILÊNIO/MILLENNIUM ECOSYSTEM ASSESSMENT). Ecosystems *and Human Well-being: Synthesis*. Washington, D.C. (http://www.maweb.org/en/index.aspx), Island Press, 2005.

AUROBINDO, Sri. Complete works. Sri Aurobindo Birth Centenary Library – Popular edition. pondicherry, India: Sri Aurobindo Ashram, 1970.

_____, Sri. *A Greater Psychology: An Introduction to the Psychological Thought of Sri Aurobindo*. Nova York: Tarcher Books, 2001.

AVELINE, Carlos Cardoso. *A vida secreta da natureza*, 3ª edição, Porto Alegre: Editora Bodigaya, 2007.

ÁVILA COIMBRA, J. *O outro lado do meio ambiente: uma incursão humanista na questão ambiental*, 2ª edição. Campinas: Millenium Editora, 2002.

BERRY, Thomas. *The Great Work – our way into the future*, Nova York: Bell Tower, 1999.

BOFF, Leonardo - *As idades da globalização*. Em Ensayo - Utopia y práxis latinoamericana, Venezuela, Ano 7, no.11, março de 2002.

BROWN, Lester R. *PLANO B 4.0*. Earth Policy Institute, Edição brasileira: New Content Editora e Produtora Ltda. e Ofício Plus Comunicação e Editora Ltda. São Paulo, 2009.

CAPRA, Fritjof. *O ponto de Mutação*, 9. edição. São Paulo: Cultrix, 1993.

CRAXI, Antônio e Sylvie. *Os valores Humanos, uma viagem do eu ao nós*. Uberaba: Editora Fundação Peirópolis, 1994.

CHRISTOFIDIS, Demetrios. Considerações sobre conflitos e uso sustentável em recursos hídricos. *In Conflitos e uso sustentável dos recursos naturais* / SuziHuff Theodoro (org.). Rio de Janeiro: Garamond, 2002.

DALAL, A. S. A *Greater Psychology – An introduction to the psychological thought of Sri Aurobindo*. Pondicherry: Sri Aurobindo Ashram Press, Índia, 2001.

DANSEREAU, Pierre apud VIEIRA, P.F, Ribeiro, M.A. *Ecologia humana, ética e educação – a mensagem de Pierre Dansereau*. Florianópolis: APDE/Palotti, 1999.

DELORS, Jacques (org.) *Educação: Um Tesouro a Descobrir*. Relatório para a UNESCO da Comissão Internacional sobre Educação para o Século XXI. São Paulo: Unesco, MEC, Cortez Editora, 1999.

DIAMOND, J. *Colapso: como as sociedades escolhem o fracasso ou o sucesso*. Rio de Janeiro: Record, 2005.

DUPUY, Jean Pierre. *Introdução à crítica da ecologia política*, Rio de Janeiro: Civilização Brasileira, 1980.

ECO, Umberto. Entrevista concedida a Roger Pol Droit. Folha de São Paulo, S. Paulo, 03 de abril de 1994, Caderno MAIS, p. 7.

ELGIN, Duane. *A dinâmica da evolução humana*. São Paulo: Cultrix, 1993.

ERKMAN, Suren. *Vers une ecologie industrielle, comment mettre en pratique le développement durable dans une* societé hyper-industrielle. Paris: Fondation Charles Léopold Mayer pour le progrès de l'Homme, 1998, p. 147.

FLANNERY Tim. *Os senhores do clima*. São Paulo: Record, 2007.

FREIRE, Paulo e HORTON, Myles. *O caminho se faz caminhando: conversas sobre educação e mudança social*. Organizado por Brenda Bell, John Gaventea e John Peters;. Petrópolis, RJ: Vozes, 2003. (tradução de Vera Lúcia M. Josceline).

GANEM, Roseli Senna (org.) –*Conservação da biodiversidade: legislação e políticas públicas*. Brasília: Câmara dos Deputados, Edições Câmara, 2010. 437 p. Disponível para download na Biblioteca Digital da Câmara dos Deputados em http://bd.camara.gov.br/bd/bitstream/handle/bdcamara/5444/conservacao_biodiversidade.pdf?sequence=4

GARREAU, Joel. *Radical Evolution*. Nova York: Brodway Books, 2009.

GORE, Al. *Our Choice, a plan to solve the climate crisis*. USA: Rodale Inc., 2009.

GRAY, John. *Cachorros de Palha*. Rio de Janeiro: Record, 2002.

_____. Entrevista à Revista Veja, Edição 1932. São Paulo, novembro de 2005.

GRINBERG, Miguel. *Ecologia Vivencial*. Bs. Aires, Argentina: Editorial Agedit S.A., sem data.

_____. Miguel. *Somos la gente que estábamos esperando – Eco-civilización y espiritualidad*. Buenos Aires: Kier, 2006.

_____.Miguel. *Ecofalacias*. Buenos Aires: Galerna, 1999.

HARMAN, Willis. What Are Noetic Sciences? in Noetic Sciences Review, nº 47. 1998.

HEARD, Gerald – Vedanta as the scientific approach to religion. in *Vedanta for the Western World*. London: Unwin Books, 1975.

JOHR, Hans. *O verde é negócio*. São Paulo: Editora Saraiva, 1994.

LASZLO, Ervin. *Macrotransição – o desafio para o terceiro milênio*. São Paulo: Axis Mundi; Antakarana, Willis Harman House, 2001.

LOVELOCK, James. *A vingança de Gaia*. Rio de Janeiro: Intrínseca, 2006.

_____ & MARGULLIS, Lynn. *Gaia – a new look at Life on Earth*. Oxford, Inglaterra: Oxford University Press, 1982.

LUTZENBERGER, J. *Gaia*. Belo Horizonte: Revista Análise & Conjuntura, Fundação João Pinheiro, 1989.

MC ALESTER, A.Lee. História Geológica da Vida. Série de Textos básicos de Geociência, São Paulo: Editora Edgard Blucher Ltda, s.d.

MORIN, Edgar. O grande Projeto. Belo Horizonte: Revista Análise e Conjuntura, F. João Pinheiro, v.3, n.2, p.23, maio-agosto 1988.

_____. Edgar. Os sete saberes necessários à educação do futuro. São Paulo: UNESCO e Cortez Editora, 2000.

O'SULLIVAN, Edmund. *Aprendizagem Transformadora: uma visão educacional para o século XXI*. São Paulo: Cortez Editora: Instituto Paulo Freire, (Biblioteca freiriana; v. 8), 2004.

OPPENHEIMER, Stephen e BradwhawFoundation. *A jornada da Humanidade – o povoamento da Terra*. junho de 2011.

QUAMMEN, David. O canto do Dodô. São Paulo: Cia das Letras, 2009.

RIBEIRO, Maurício Andrés – *Tesouros da Índia para a civilização sustentável*. Belo Horizonte: Santa Rosa Bureau Cultural, Rona Editora, 2003.

RIBEIRO, Maurício Andrés. *Ecologizar* (trilogia), Brasília: Editora Universa, 2009.

RIBEIRO, Maurício Andrés. *Ecologizando a cidade e o planeta*, Belo Horizonte: C/Arte, 2008.

ROSNAY, Joël de. *O homem simbiótico*. Petrópolis, RJ: Vozes,1997.

RUSSELL, Peter. Acordando em Tempo – encontrando a paz interior em tempos de mudança acelerada. São Paulo: WHH, Antakarana, 2006.

SAHTOURIS, Elisabeth. EarthDance, *Living systems in evolution*. USA: Metalog Books, 1996.

SATPREM. *On the Way to supermanhood*. Nova York: Institute for Evolutionary research, 1974.

_____. *The mind of the Cells*. USA, 1985.

_____. *Sri Aurobindo or The Adventure of Consciousness*. Pondicherry, Índia: Sri Aurobindo Ashram Trust, 1968.

SECRETARIAT OF THE CONVENTION ON BIOLOGICAL DIVERSITY. Global Biodiversity Outlook 3. Montreal, 2010.

SILVA, Leandro Carvalho. *A ecologia dos nossos sentidos*. Belo Horizonte: Revista Ecologia Integral, Ano 7, no. 30.

SUSTAINABLE DEVELOPMENT COMMISSION. Setting the table, UK. dezembro de 2009.

SWIMME Brian & BERRY, Thomas. *The Universe Story*. New York: HarperOne, 1992.

TEILHARD DE CHARDIN, Pierre. *Le phenomène humain*. Paris: (Oeuvres, I), 1955 (redigido em 1938-40, revisto em 1947-48).

THAKAR, Vimala. *Glimpses of Raja Ioga*. Índia: Vimal Prakashan Trust, 1991.

Universidade Espiritual Brahma Kumaris. Vivendo valores, um manual. São Paulo, 1995.

VIEIRA, Paulo Freire & RIBEIRO, Maurício Andrés (orgs.) *Ecologia Humana, Ética e Educação - A mensagem de Pierre Dansereau*. Florianópolis: APED, 1999.

VIEIRA, Paulo Freire; RIBEIRO, Maurício Andrés; et al. (orgs.). *Desenvolvimento e Meio Ambiente no Brasil: a* contribuição de Ignacy Sachs. Florianópolis: APED, 1998.

_____ (org.), *Rumo à ecossocioeconomia:Teoria e prática do desenvolvimento*. Ignacy Sachs, São Paulo: Cortez, 2007.

VIVERET, Patrick. *Reconsiderar a riqueza*. Brasília: UnB, 2006.

WEIL, Pierre. *A nova ética*. Editora Rosa dos Tempos,1993.

_____. *A neurose do Paraíso Perdido*. Rio de Janeiro: Espaço e Tempo, 1987.

_____. *Valores éticos em ciência e tecnologia*. Simpósio "Ética e tecnologia, onde podemos ir?", Brasília: Unipaz, 1989.

_____. & TOMPAKOW, R. *O Corpo Fala – A Linguagem Silenciosa da Comunicação Não-Verbal*. Petrópolis: Vozes. 2009.

_____ & CREMA,R; LELOUP, J.Y. Normose - a patologia da normalidade. Campinas: ed. Verus, 2004.

WILBER, Ken. *Espiritualidade integral*. São Paulo: Editora Aleph, 2007.

_____. *O Espectro da consciência*. São Paulo: Cultrix, 2007.

_____. *O Projeto Atman*. São Paulo: Cultrix, 1996.

_____. *Psicologia Integral*. São Paulo: Cultrix, 2007.

_____. *Uma teoria de tudo*. São Paulo: Cultrix-Amana Key, 2000.

WILSON, Edward O. *Consilience, the unity of knowledge*, USA: Knopf, 1998.

WORLD WILDLIFE FUND-WWF. *Planeta Vivo*. Relatório apresentado na Conferência das Nações Unidas sobre Meio Ambiente e Desenvolvimento. Johanesburgo, 2002.

ZIMMER,H. *Filosofias da Índia*. São Paulo: Palas Athena, 1986. Ed original de 1951.

GLOSSÁRIO

A grande obra – tarefa de realizar a transição da Era Cenozoica terminal para a Era Ecológica, a era da consciência unitária, ou para a Era Ecozoica, conforme definida por Thomas Berry em seu livro *The Great Work*.

Ciências ecológicas – os vários campos em que se ramificaram as ecologias a partir de suas origens ligadas à biologia.

Consciência ecológica – compreensão de que o bem-estar do ambiente é fundamental e deve ser mantido, entre outros motivos, porque dele depende o bem-estar e a saúde humana.

Ecoalfabetização – A ecoalfabetização pode ter reflexo nos comportamentos e modos de vida, evidenciando que a dependência de bens materiais supérfluos e a hipertrofia da produção para fins destrutivos, representada pelo armamentismo e pelo consumismo, são responsáveis pela depredação ambiental.[45]

Ecologizar – aplicar os conhecimentos das ciências e da consciência ecológica às situações práticas do dia a dia. Até 2007, esse verbo ainda não existia em dicionários de português, mas existia no castelhano. Em 2007, o termo foi incorporado na enciclopédia global Wikipédia, depois de um período de debates sobre a pertinência de incluí-lo. Presentemente está sendo wikificado conforme as regras da Wikipédia. Ver http://pt.wikipedia.org/wiki/Ecologizar

Era Cenozoica – era iniciada há 67 milhões de anos, na grande ruptura que levou à extinção dos dinossauros e que vem até os nossos dias.

Era Ecológica – era que sucede à atual Era Cenozoica. Caracteriza-se por uma ação harmonizada do Homo sapiens com a natureza a partir de sua percepção e consciência de que sua vida depende dessa relação.

---

[45] Capra, Fritjof, em *O Ponto de Mutação*, op.cit. 1992, p. 390. Baseado em suas ideias criou-se o Center for Ecoliteracy (CEL) em Berkeley, Califórnia, que desenvolveu uma pedagogia de educação para a vida ecologizada em escolas públicas. Sua base é o conceito de alfabetização ecológica, ou seja, o entendimento de como os ecossistemas sustentam a rede da vida, de modo que possamos conceber comunidades humanas ecologizadas. O método possui como pontos cruciais: entender os princípios da ecologia, integrar conceitualmente através do pensamento ecológico, aprender no mundo real, criar comunidades de aprendizado, integrar a cultura da escola e o currículo. A ecoalfabetização é uma habilidade para aprender a ler, que vem depois de dominar a língua falada.

Gestor da evolução – papel assumido pelo *Homo sapiens* nessa etapa da evolução no planeta Terra. Das suas ações depende o rumo que tomará a evolução.

Meme – o conceito de 'meme' foi apresentado pela primeira vez por Richard Dawkins. Ele e outros o usaram para descrever uma unidade de informação cultural tal como uma ideologia política, uma tendência da moda, um uso da linguagem, formas musicais, ou mesmo estilos arquitetônicos. Assim, o que genes bioquímicos representam para o DNA, os memes representam para o nosso "DNA" psicocultural. O conceito de 'meme' foi, posteriormente, expandido por Don Beck e Chris Cowan em seu livro *Spiral Dynamics*, com a introdução de cores para designar cada meme, a saber: bege (arcaico), roxo (mágico), vermelho (mágico-mítico), azul (mítico), laranja (racional), verde (sensível), amarelo (integrativo) e turquesa (holístico).

Pegada ecológica – indicador de sustentabilidade. Vários sites na internet disponibilizam testes autoaplicáveis sobre a pegada ecológica, que medem o impacto que a vida de cada pessoa, cidade ou país causa na natureza, o rastro que deixa como marca sobre o planeta. No site www.myfootprint.org o teste para cálculo da pegada ecológica individual é completado com um questionário cujas respostas podem significar um compromisso de adotar mudanças na vida cotidiana – nos transportes, no consumo de energia, na alimentação, que levam à redução do número de hectares necessários para sustentar o estilo de vida. Responder a tal questionário é em si um teste de honestidade, que pode levar a uma tomada de consciência e à opção por abandonar aspirações de consumo induzidas, renunciar a comodismos e ao conformismo. O teste é equivalente a um exame de consciência. Mostra o peso ecológico de meu caminhar. A autoaplicação do teste revelou que minha pegada ecológica ultrapassa em muito a média mundial, já que se todos tivessem uma pegada ecológica semelhante à minha, precisaríamos de 3,1 planetas como o nosso. Apliquei esse teste em classe com meus alunos da Universidade Católica de Brasília e o resultado foi que nossa pegada ecológica é mais do que o dobro da média *per capita* brasileira.

Período Antropoceno – período recente da Era Cenozoica, dominado pelo ser humano e cuja origem alguns situam na Revolução Agrícola e outros na Revolução Industrial.

Sustentabilidade – qualidade de se sustentar, que se aplica a diversos campos:

- *Sustentabilidade ambiental* – refere-se à manutenção da capacidade de sustentação dos ecossistemas, bem como à sua recomposição diante das interferências antrópicas.
- *Sustentabilidade cultural* – relaciona-se com a capacidade de manter a diversidade de culturas, valores e práticas no planeta, no país ou numa região.

- *Sustentabilidade demográfica* – revela os limites da capacidade de suporte do território e de sua base de recursos, relacionando os cenários de crescimento econômico com as taxas demográficas, a composição etária e a população economicamente ativa.
- *Sustentabilidade ecológica* – refere-se à base do processo de crescimento e tem como objetivo manter estoques de capital natural incorporado às atividades produtivas. Na perspectiva integral e transdisciplinar das ecologias, abrange todas as facetas nas quais elas se ramificam.
- *Sustentabilidade econômica* – implica uma gestão eficiente dos recursos e caracteriza-se pela regularidade de fluxos de investimento, avaliando a eficiência por processos macrossociais.
- *Sustentabilidade espacial* – busca equidade nas relações inter-regionais.
- *Sustentabilidade institucional* – trata de fortalecer engenharias institucionais capazes de perdurar no tempo, adaptar-se e resistir a pressões.
- *Sustentabilidade política* – refere-se ao processo de construção da cidadania e visa a incorporar os indivíduos ao processo de desenvolvimento.
- *Sustentabilidade social* – tem como objetivo a melhoria da qualidade de vida humana. Implica na adoção de políticas distributivas e a universalização do aten-

dimento na saúde, educação, habitação e equidade social. Além dessas enfatizamos a **sustentabilidade do abastecimento: sustentabilidade alimentar, hídrica, energética.** Sem o suprimento sustentável de água, alimentos e energia, não se sustenta uma cidade, uma sociedade ou uma civilização.

SOBRE O AUTOR

Maurício Andrés Ribeiro é fotógrafo e formou-se arquiteto pela Universidade Federal de Minas Gerais (UFMG).

Pertenceu aos quadros da Fundação João Pinheiro, onde se dedicou a problemas urbanos e iniciou sua trajetória de ecologista. Em suas atividades como profissional do meio ambiente, atuou principalmente em Belo Horizonte e Brasília. No decorrer dessa fase, entre outros cargos exerceu o de Secretário Municipal do Meio Ambiente de Belo Horizonte e o de Presidente da FEAM (Fundação Estadual do Meio Ambiente), órgão ambiental do Governo de Minas Gerais. Em Brasília foi diretor no Conselho Nacional do Meio Ambiente (Conama), do qual ainda é conselheiro. Desde 2002 atua como assessor da Agência Nacional de Águas (ANA).

Maurício Andrés tem vínculos com a UNIPAZ, empenhada na cultura ambiental e na cultura da paz, onde colaborou com Pierre Weil, seu fundador. É colaborador de ONGs ligadas ao Federalismo Mundial desde que viveu na Índia.

Escreveu livros e artigos, dentre os quais a trilogia *Ecologizar*: 1. *Princípios para a Ação*; 2. *Métodos para a Ação*; 3. *Instrumentos para a Ação*, 4ª edição (2009). Ainda: *Tesouros da Índia para a civilização sustentável* (2003); e *Ecologizando a Cidade e o Planeta* (2008).

http://www.ecologizar.com.br
E-mail: ecologizar@gmail.com